形态创意设计丛书

迪拜酒店

张长江 著

中国林业出版社

图书在版编目（CIP）数据

迪拜酒店 / 张长江著. -- 北京 : 中国林业出版社,2014.1
（形态创意设计丛书）
ISBN 978-7-5038-7276-1

Ⅰ.①迪… Ⅱ.①张… Ⅲ.①饭店－建筑设计 Ⅳ.①TU247.4

中国版本图书馆CIP数据核字(2013)第274874号

责任编辑: 纪　亮、李丝丝

中国林业出版社 · 建筑与家居出版中心
出版咨询: (010) 8322 5283

出版: 中国林业出版社　(100009 北京西城区德内大街刘海胡同 7 号)
网址: http://lycb.forestry.gov.cn/
E-mail: cfphz@public.bta.net.cn
电话: (010) 8322 8906
发行: 中国林业出版社
印刷: 北京利丰雅高长城印刷有限公司
版次: 2014年1月第1版
印次: 2014年1月第1次
开本: 235mm×225mm 1/16
印张: 13.5
字数: 700千字
定价: 128.00 元

写在前面的话

基于设计形象化思维的要求，编著一套记录和分析世界各地关于城市、建筑、室内、酒店、景观、园林、广场、商业、别墅、色彩等的设计要素类丛书，是我近十年来一直搁置不下的夙愿。记得建筑设计大师勒·柯布西埃，也曾离开法国，花了很长一段时间遍访世界各地，游历了希腊、意大利、巴尔干半岛、北非、小亚细亚等，经过实地体验，深入地思考，成功地开创了自己创造性的设计生涯。从他1965年在法国南部海滨，朝向太阳游去离世至今，他对于世界设计的影响一直没有退去，当我与设计师一行登上法国东部索恩地区距瑞士边界几英里的浮日山区，望眼山顶上的朗香教堂，长时间驻足徘徊于这个雕塑一般的建筑时，更是万分感慨。我们不知从1950年开始设计建造的这个奉献给上帝的作品，世界各地的人们还会陪伴它有多久。其实，很多有成就的设计师都和勒·柯布西埃有着同样的经历。他们从世界的城市建筑、景观园林中，不知汲取了多少设计的智慧，升华了多少的设计理念。当然，也还有很多的设计师与在校的学生，他们还没有机会迈出国门，走向世界，这就需要有这样一套丛书，帮助他们先从这样一个视角，窥测到设计世界的大千变化。

从2004年以来，我和我身边的设计同仁们，先后走遍了70几个国家或地区，有的一个国家甚至去了5次之多，拍摄了大量的图片，从中加以筛选，编辑成建筑形态、室内空间、城市景观、广场公园、别墅庭院、商业维度、酒店样态、色彩搭配等若干个分册，力求全方位展现出设计的各个视角，希望会对设计师的方案构思，多有启示。

从这些人类设计建造的实践中，我们可以看到，设计的形态创意首先来自于自然。太阳与动植物生命的轮回，启示了宗教的遐想，祭祀类的设计就是很好的例证。鸟巢，动物的洞穴，树木的生长结构，动物的生理形态也都曾为人类的设计活动所模仿；其次设计的形态创意来自于生活，从野外环境到人类社会环境的过渡，首先是生活与安全的需要，人类由追求自己的领地出发，城墙、城堡的建造就必不可少，所以耶利哥最早人类的新石器时代的城墙塔建筑物足以证明这一点；再次，设计的形态创意首先来自于技术，房屋的建造首先决定于对材料的加工，从泥、草、木、石，到烧结材料的加工与构造，建筑的层数由低到高，建筑的跨度由小到大，无不依赖于技术的进步与要求；还有设计的形态创意也要来自于艺术。艺术的创作，从来都是情感的，更是奢侈的，但也是美好的。艺术辨识了地域、民族，更是个性化的发展。所以设计的创新更是离不开艺术。造型与色彩的多样化，表现了人类多样性与差异化的特征，这也使得他们的精神生活得到满足。

这套丛书除了分析创意的点睛之笔之外，同时也对各国寻常与真实生活的一面也予以客观记录，以作为资料与研究性质的收集与展示。因为，这些也有可能成为日后设计创新的起燃点。正如美国建筑师路易斯·康设计的金贝尔艺术博物馆受突尼斯农庄建筑灵感推动一样，这些农庄的建筑又是受到草场、草卷与草垛的创意启发所致。

说是“全球视角”，也是相对而言的，不用说世界各地，就是一个国家的各个城市与地区对于一个本土设计师而言，要在一生中走遍，也是不容易的，但就地域而言，这本书基本上还是涵盖了各大洲的一些主要国家与主要城市，涵盖了主要的设计历史与文化。所以，选择现在这样一个时机，来编撰出版这套丛书，也还算是适时的。其遗漏与缺憾部分，只有期望再版时，能加以扩展与补充。

这本书的图片来源，还要感谢张津墚、蒋传勇、申彤、关欣、孙磊、杨莹、王议烽、王正文、徐伟勇、杨旭东、李玉萍、王德志、张翮等设计师，还有他们精湛的摄影技术，他们以设计的独特视角，不同地域城市的经历，为本书提供了一些国家多方面设计的重要补充，在此也表示衷心地感谢。

编著这样一套大型跨越时间、跨越地域的设计类丛书，由于时间的紧迫，知识的欠缺，难免会出现这样和那样的问题与错误，希望读者一经发现，就不吝赐教。以便在再印时加以修订与完善。

大连工业大学 艺术设计学院 张长江

2013年9月

目 录

入口 6
中庭 10
大堂 14
接待 20
客房 24
卫生间 38
餐厅 44
咖啡厅 56
酒吧 58
休息厅 68
走廊 76
楼梯间 90
电梯间 92
商店 94
桌球厅 98
理发店 100
SPA 102
陈设 114

地面铺装 120
天棚 130
水景设施 138
挂画 146
柱式 148
灯具 152
装修细部 158
标识 174
花坛 178
绿化 182
雕塑小品 186
室外棚廊 188
室外泳池 192
设施 198
人文 212
夜景 214

入 口

酒店入口的设计一般都是引人入胜的，如同甜美少女的口唇一样具有不可抗拒的引力。有的酒店入口，不是一下子就让它进入到了人们的视线，而是采取了分段引导的方式。如迪拜帆船七星酒店，采取先经由棕榈树下船型门岗与船帆太阳图案的铸铁大门，再通过石桥、经过喷泉雕塑，才能最终到达单体建筑的入口。朱美拉古城度假村酒店入口，则采用通过一层层木结构的长廊逐渐导入，让人有一种“山穷水尽疑无路，柳暗花明又一村”的设计体验。

对于酒店建筑入口的形式，一般都是采取强调的方式，如帆船七星酒店，采取一个薄形曲面干挂石材的造型，如同一个张开手臂的胸怀迎接，而将客人纳入。朱美拉海滩酒店，采取张拉悬索构筑入口，并以两盏超大尺度的吊灯将客人指引。朱美拉古城度假村酒店，采取古城堡多叶券洞的样式，向过桥而来的客人彰显，这是一个充满迷人魅力的古城样态的度假好去处。

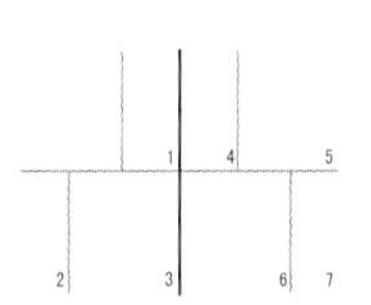

1. 阿联酋迪拜帆船七星级酒店的第一道入口
2. 阿联酋迪拜帆船七星级酒店入口玻璃门上超尺度的把手
3. 阿联酋迪拜帆船七星级酒店的入口的弧形石材犹如张开的双臂
4. 阿联酋迪拜帆船七星级酒店入口的内外
5. 阿联酋迪拜帆船七星级酒店入口外部正对的水景设施
6. 阿联酋迪拜帆船七星级酒店全玻点式幕墙
7. 阿联酋迪拜帆船七星级酒店的入口

入 口

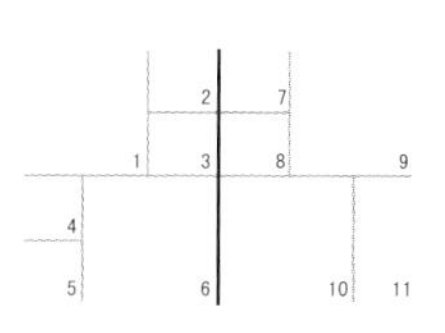

1. 阿联酋迪拜帆船七星级酒店的入口与桥相连接
2. 阿联酋迪拜帆船七星级酒店入口的一侧
3. 阿联酋迪拜帆船七星级酒店帆船与太阳图案装饰的铁门入口
4. 阿联酋迪拜帆船七星级酒店入口处存放的行李推车
5. 阿联酋迪拜朱美拉海滩酒店的入口
6. 阿联酋迪拜帆船七星级酒店帆船门岗的护栏设计为海水波动状
7. 阿联酋迪拜朱美拉海滩酒店入口上部采用斜拉悬索结构
8. 阿联酋迪拜朱美拉海滩酒店入口的两盏超大尺度的吊灯引人注目
9. 迪拜朱美拉水上皇宫酒店的入口采用木结构遮阳长廊
10. 迪拜朱美拉水上皇宫酒店的购物中心入口
11. 阿联酋迪拜朱美拉海滩酒店的入口

中 庭

酒店中庭是最为壮观的空间，自从20世纪后半叶美国建筑师波特曼创造了这种四季厅的空间后，各个酒店竞相模仿。中庭以超过两层空间的跨度，有的甚至直达屋顶，而迪拜帆船七星酒店就是这种波特曼空间设计所能发挥的极致。迪拜帆船七星酒店的中庭结合二层餐厅、外廊客房走廊，实现了一个共享空间的庭院，而位于建筑的核心中央。从而把室内空间室外化。

迪拜亚特兰蒂斯、凯悦、朱美拉等酒店，中庭虽未至顶，但也营造了灯光顶棚，以使顶棚更加高远。这些酒店中庭或布置绿树、或结合流水、或结合小桥，使中庭四季常青，满足入住者休憩、观赏的需要。

在客人逛累的时候，中庭还会结合酒吧、咖啡厅、餐厅的布置，满足大家餐饮饱腹的需求。

由于酒店中庭空间的重要性，设计师往往还会把地域化、民族化的元素布置其中，如马可波罗酒店，就把迪拜传统的自然风塔，也布置到了中庭里。

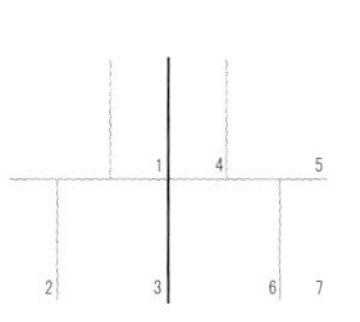

1. 阿联酋迪拜七星级酒店的外观如帆船状
2. 阿联酋迪拜帆船七星级酒店的中庭
3. 阿联酋迪拜帆船七星级酒店中庭顶部的装饰
4. 阿联酋迪拜帆船七星级酒店中庭一角
5. 阿联酋迪拜帆船七星级酒店中庭的透视

蒋传勇 摄

6. 阿联酋迪拜帆船七星级酒店中庭客房的一侧
7. 阿联酋迪拜帆船七星级酒店二楼中庭的墙面装饰

中 庭

1. 阿联酋迪拜凯悦酒店顶部设计了渔船灯饰
张津墚 摄
2. 阿联酋迪拜马可波罗酒店的中庭将通风塔置于其中
3. 阿联酋迪拜朱美拉古城度假村水上皇宫酒店的接待与休息大厅
蒋传勇 摄
4. 阿联酋迪拜凯悦酒店中庭设有咖啡厅
张津墚 摄
5. 阿联酋迪拜凯悦酒店的中庭设有服务亭房
张津墚 摄
6. 阿联酋迪拜亚特兰蒂斯酒店中庭的顶部
蒋传勇 摄

大 堂

酒店大堂是酒店的重要空间，具有接待、入住办理、问询、结算、休息、餐饮、疏导、联系等功能。

大堂的空间一般都比较大气、开阔，有的甚至与中庭连接到一起。大堂的接待区是重点，一般是集中设置，但大型酒店也会采取分散设计，以免人多拥挤，而且耗时。

大堂装饰装修一般会给客人带来进门一“亮”的视觉冲击，所以各酒店都会重视。帆船七星大堂的顶棚采用贝壳式发光，并与地毯图形相呼应一致，两端布置了两个接待处。大堂入口正对面布置了阶梯式喷泉，扶梯两侧墙面嵌入了超大型鱼缸，把人们的视线直接引导向二层的中庭。亚特兰蒂斯酒店大堂则以全色相的玻璃管交错盘曲的形态，像一个美不胜收的花朵，坐落在棕榈柱子支撑的园穹顶下的水池中央，圆形周边墙上部一圈分段的手绘壁画也为酒店增色不少。

总之，大堂的设计是酒店的脸面，是设计师考虑的重点，因而，它也从一个方面决定酒店整体设计的成败。

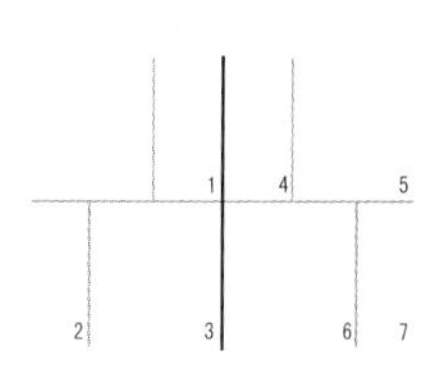

1. 阿联酋迪拜哈利法塔阿玛尼酒店大堂一侧的入口 李玉萍 摄
2. 阿联酋迪拜帆船七星级酒店的二层大堂
3. 阿联酋迪拜帆船七星级酒店的一层大堂
4. 阿联酋迪拜帆船七星级酒店在一二层之间设置的扶梯
5. 阿联酋迪拜帆船七星级酒店在二层大堂设置的商业精品店
6. 阿联酋迪拜帆船七星级酒店首层大堂的宽敞大厅空间
7. 阿联酋迪拜帆船七星级酒店大堂在一楼设置的休息区

大堂

1. 阿联酋迪拜凯悦酒店的大堂面向开阔的中庭
张津墚 摄

2. 阿联酋迪拜朱美拉海滩酒店的大堂副理接待区

3. 阿联酋迪拜凯悦酒店大堂设置了树池的树木与花坛
张津墚 摄

4. 阿联酋迪拜凯悦酒店大堂的休息区域 张津墚 摄

5. 阿联酋迪拜凯悦酒店大堂的台阶与扶手
张津墚 摄

6. 阿联酋迪拜凯悦酒店大堂走廊的栏板与扶手
张津墚 摄

大堂

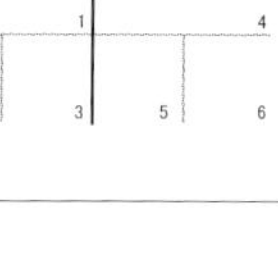

1.阿联酋迪拜亚特兰蒂斯酒店大堂一侧的接待与休息大厅
申彤 摄

2.阿联酋迪拜亚特兰蒂斯酒店大堂的接待处
申彤 摄

3.阿联酋迪拜亚特兰蒂斯酒店围绕喷泉的水池观赏坐凳采用了爱奥尼样式的设计
申彤 摄

4.阿联酋迪拜亚特兰蒂斯酒店大堂的圆形墙壁上绘制了历史题材的壁画
申彤 摄

5.阿联酋迪拜亚特兰蒂斯酒店大堂中心的柱子设计成棕榈的样式
蒋传勇 摄

6.阿联酋迪拜亚特兰蒂斯酒店大堂一侧相连的咖啡区
申彤 摄

接待

接待是酒店的的重要服务窗口，设有接待入住、结算功能的服务台一般较高，通常距地在1.1m左右，也有局部考虑轮椅者的地方会较低。分散设计的服务台也有很多，不光是办理入住或结算的，还有商业的、餐饮的、咨询的、故障报修的、租车等多种服务。在迪拜帆船七星的每层也都设置有服务台，甚至还为每个客房提供管家式服务，24小时随叫随到，带您想去的酒店各个角落，而且这种管家兼职翻译。

酒店接待一般也都会采取显性设计，颜色上会与周边有所区分，或本身采取对比的色彩予以强调。接待台与客人靠近的竖板，一般会采取软式装修，以改善客人靠近的舒适感。在咨询服务处，也会采取电视屏幕辅助，以增强解说的形象力。

接待台在形式上，一般也会与天棚造型对应，已解决近距离直接照明的问题。而帆船酒店采取了螺壳样式设计，其内外加上接待台皆为镀金，更显豪华与对贵宾的尊重。

1. 阿联酋迪拜亚特兰蒂斯酒店餐厅前的接待厅
申彤 摄

2. 阿联酋迪拜亚特兰蒂斯酒店接待台采用绿色台面设计以同周边的颜色相区别
申彤 摄

3. 阿联酋迪拜帆船七星级酒店二楼大堂副理接待台

4. 阿联酋迪拜帆船七星级酒店接待台前设置的两个红色沙发

5. 阿联酋迪拜帆船七星级酒店一楼大厅设置的贝壳状接待台

6. 阿联酋迪拜朱美拉海滩酒店的一层大堂副理接待台

7. 阿联酋迪拜帆船七星级酒店贝壳式接待台的侧面
申彤 摄

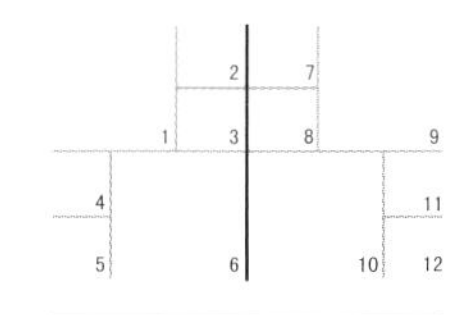

1. 迪拜朱美拉海滩酒店的接待大厅
蒋传勇 摄
2. 阿联酋迪拜帆船七星级酒店通向走廊处的接待台
3. 迪拜帆船七星级酒店分散设计的咨询接待台
4. 迪拜帆船七星级酒店二楼餐厅放置的接待台
5. 阿联酋迪拜帆船七星酒店欧洛普卡租车咨询台
蒋传勇 摄
6. 阿联酋迪拜帆船七星级酒店大堂的环形接待台
张津墚 摄
7. 阿联酋迪拜帆船七星级酒店二楼商业服务区设置的咨询台
8. 迪拜帆船七星级酒店分层设置的花卉服务台
9. 迪拜帆船七星级酒店餐厅入口处接待的服务员
10. 阿联酋迪拜凯悦酒店过厅与走廊处设置的服务台
张津墚 摄
11. 帆船七星级酒店的分类服务台
12. 迪拜朱美拉海滩酒店的服务台

客 房

迪拜酒店的客房被誉为全球最豪华与奢侈的梦寐栖所。七星帆船酒店的金属镀金，三层厚薄相间的窗帘，色调中统一带有变化的布艺，都为复式空间的旅居者提供了尽可能的各种需求。

在空间功能的设置上，客房内布置了门厅、会客厅、就餐区、影视观赏区、厨房区、卧室区、理容区、办公区、酒吧区、卫生间等，并相应布置了陈设家具、设施与设备，以满足入住使用者。

客房分上下两层设计，每层都有卧室与卫生间。卧室分别考虑了双人大床与分开并置的两个单人床，床上采用了棚镜与张拉下沉弧形帘布限定的设计，以增加床上的情趣。亚特兰蒂斯酒店客房卧室的床也采用了宽大、高床头、睡枕与靠枕多样的手法，以尽显豪华。

七星帆船酒店在装饰上，多处采用了黑（传统也有紫红）、金（传统有白）相间的伊斯兰券式图案。废物箱也放在这种装饰角几的下方，以方便会客时的使用。

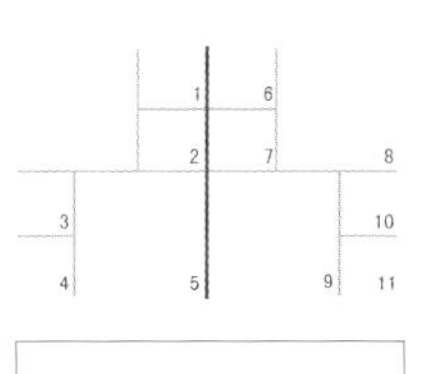

1. 阿联酋迪拜帆船七星级酒店客房区如海浪波动
2. 迪拜帆船七星级酒店复层客房区的立面
3. 迪拜帆船七星级酒店客房室内凹入式理容台
申彤 摄
4. 迪拜帆船七星级酒店客房理容台面上的电话与吹风机等设施
申彤 摄
5. 迪拜帆船七星级酒店客房卧室床顶采用布艺进行限定
申彤 摄
6. 阿联酋迪拜帆船七星级酒店客房内采用柱子进行空间分隔
7. 迪拜帆船七星级酒店的客房挂画
8. 迪拜帆船七星级酒店客房办公桌面配备的笔记本电脑等办公用品
申彤 摄
9. 阿联酋迪拜凯悦酒店的客房一角
张津梁 摄
10. 帆船七星级酒店的客房内分隔
11. 阿联酋迪拜帆船七星级酒店客房厨房区的设计

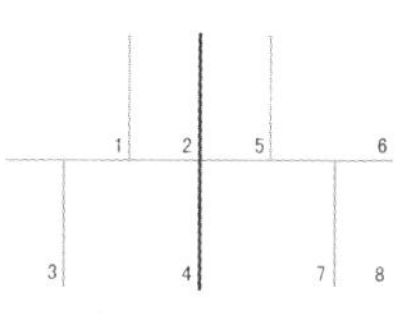

1. 阿联酋迪拜帆船七星级酒店客房内的吧台与办公区
申彤 摄

2. 阿联酋迪拜帆船七星级酒店柱间设置的电视柜
申彤 摄

3. 阿联酋迪拜古城度假村水上皇宫酒店客房内的木柜
李玉萍 摄

4. 阿联酋迪拜帆船七星级酒店客房的一层门厅
申彤 摄

5. 阿联酋迪拜亚特兰蒂斯酒店客房内的双人沙发
申彤 摄

6. 阿联酋迪拜亚特兰蒂斯酒店的双人大床客房

7. 阿联酋迪拜帆船七星级酒店客房内的酒吧区
申彤 摄

8. 阿联酋迪拜七星级酒店客房内的华丽红色布艺窗帘

客房

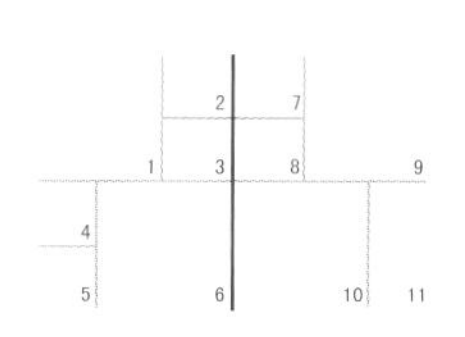

1. 阿联酋迪拜帆船七星级酒店内的客房双人大床
2. 迪拜帆船七星级酒店客房内薄纱遮掩的窗户 申彤 摄
3. 迪拜帆船七星级酒店客房门洞隔开的两个区域 申彤 摄
4. 阿联酋迪拜帆船七星级酒店电视柜内放置的饮料与饮具 申彤 摄
5. 阿联酋迪拜帆船七星级酒店客房吧台的陈设 申彤 摄
6. 迪拜古城度假村水上皇宫酒店的客房 李玉萍 摄
7. 阿联酋迪拜帆船七星级酒店客房内窗饰布艺 申彤 摄
8. 帆船七星级酒店客房内的办公区 申彤 摄
9. 迪拜亚特兰蒂斯酒店标准客房 申彤 摄
10. 帆船七星级酒店客房内的休息区 申彤 摄
11. 帆船七星级酒店休息区的一角

1. 阿联酋迪拜帆船七星级酒店客房玄关的地面采用叶形理石拼花图案
申彤 摄

2. 阿联酋迪拜帆船七星级酒店客房内办公区的一隅
申彤 摄

3. 阿联酋迪拜帆船七星级酒店客房内的楼梯采用弧形巴洛克样式
申彤 摄

4. 阿联酋迪拜帆船七星级酒店客房入门处的房内门套采用分段两层设计以加强空间的大尺度感
申彤 摄

5. 阿联酋迪拜帆船七星级酒店客房内的吧座椅围绕吧台
申彤 摄

6. 阿联酋迪拜帆船七星级酒店客房吧台酒柜内装满了各种饮品，以供入住客人享用
申彤 摄

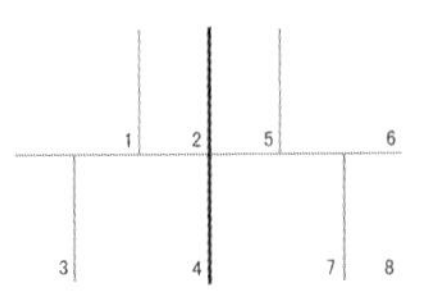

1. 阿联酋迪拜亚特兰蒂斯酒店客房内的会客区
申彤 摄

2. 阿联酋迪拜哈利法塔阿玛尼酒店客房的饮品区
李玉萍 摄

3. 阿联酋迪拜帆船七星级酒店客房内的酒柜内装有各种酒杯

4. 阿联酋迪拜帆船七星级酒店客房内设置的木质衣柜家具

5. 阿联酋迪拜帆船七星级酒店客房壁柜内的茶具

6. 阿联酋迪拜帆船七星级酒店的客房

7. 阿联酋迪拜帆船七星级酒店客房内的牌桌

8. 阿联酋迪拜帆船七星级酒店客房内会客区的精美蓝色布艺沙发等陈设

1. 阿联酋迪拜帆船七星级酒店客房会客区的家居陈设
申彤 摄
2. 阿联酋迪拜帆船七星级酒店客房内的酒柜家具
申彤 摄
3. 阿联酋迪拜帆船七星级酒店客房内的弧形分割墙采用镀钛金属条分割皮质软包装饰
关欣 摄
4. 阿联酋迪拜帆船七星级酒店客房内角几下设有废物桶
申彤 摄
5. 阿联酋迪拜帆船七星级酒店客房内沙发扶手一侧设置的圆形茶几
申彤 摄
6. 阿联酋迪拜帆船七星级酒店客房内的吧台与门厅
申彤 摄
7. 阿联酋迪拜帆船七星级酒店客房内休闲沙发椅
申彤 摄
8. 阿联酋迪拜帆船七星级酒店客房的电视柜内设有DVD等放像设备

1. 阿联酋迪拜帆船七星级酒店客房内的会客区
申彤 摄
2. 阿联酋迪拜帆船七星级酒店客厅一角的棋牌桌
申彤 摄
3. 阿联酋迪拜帆船七星级酒店客房内的理容区
申彤 摄
4. 阿联酋迪拜哈利法塔阿玛尼酒店的客房休息区
李玉萍 摄
5. 阿联酋迪拜帆船七星级酒店客房内的自助厨房区
申彤 摄
6. 阿联酋迪拜帆船七星级酒店客房内的客厅
申彤 摄
7. 阿联酋迪拜帆船七星级酒店客房内客厅的茶几与靠垫
申彤 摄
8. 阿联酋迪拜帆船七星级酒店客房内橱柜内设置的微波炉和烤箱等设备
蒋传勇 摄

卫生间

酒店卫生间是酒店设计的重要内容之一，因为作为一个离开自己家去了一个临时家的地方，生活条件与品质就会成为重要的考量。

酒店卫生间分为客房内卫生间与公共区卫生间。公共卫生间作为入住前后使用的补充，在即使有客房卫生间的情况下，有时由于楼上楼下，或标准客房有人占用的情况下，公共卫生间就尤显重要。

卫生间的设施有澡盆、洗面、坐便、净身盆、衣物或毛巾存取等，像迪拜七星帆船酒店更是考虑了临时座位区、浴衣存放区等更细致的区位，更有设备的五金全部采用镀金，以尽显七颗星的尊贵。

卫生间的材料选用，一般有理石、瓷砖、马赛克，也有在有的部位使用壁纸，以增加温馨感。

卫生间的颜色设计也是不可或缺的，一般以洁色为主，但有时为了区分也会选用不同的色彩，如帆船酒店套房内的两层分别选用了蓝色与红色。

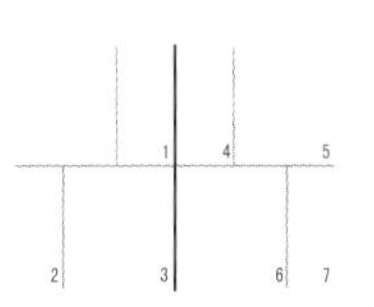

1. 迪拜帆船七星酒店客房卫生间洗面台柜、镜子及墙纸的设计
申彤 摄
2. 迪拜帆船七星酒店客房卫生间一角的座位区
申彤 摄
3. 迪拜凯悦酒店客房的卫生间台面
张津梁 摄
4. 迪拜亚特兰蒂斯酒店公用卫生间的男用设备区
蒋传勇 摄
5. 迪拜凯悦酒店公共卫生间洗面台区域
张津梁 摄
6. 迪拜帆船七星酒店客房卫生间台面浴缸面台及墙框马赛克统一为红色
申彤 摄
7. 迪拜帆船七星酒店客房内卫生间的浴巾叠放处
申彤 摄

卫生间

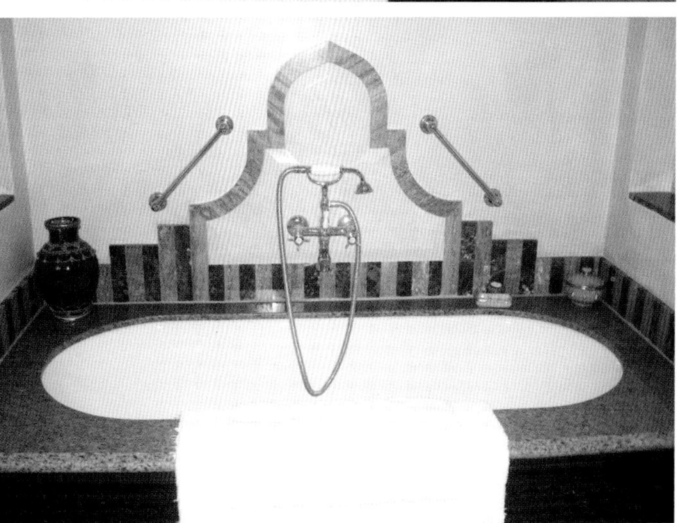

1. 阿联酋迪拜帆船七星酒店客房卫生间设计为蓝色格调
2. 阿联酋迪拜哈利法塔阿玛尼酒店卫生间的浴盆设施
李玉萍 摄
3. 阿联酋迪拜帆船七星酒店客房卫生间内配有体重称量的装置
申彤 摄
4. 阿联酋迪拜帆船七星酒店客房卫生间坐便与净身盆的设备区
申彤 摄
5. 阿联酋迪拜朱美拉古城度假村水上皇宫酒店卫生间的洗面台设施
李玉萍 摄
6. 阿联酋迪拜朱美拉古城度假村水上皇宫酒店卫生间的浴缸设施
李玉萍 摄

卫生间

1. 阿联酋迪拜朱美拉古城度假村水上皇宫酒店公共卫生间地面放置的手巾收集的铜盆
孙磊 摄
2. 阿联酋迪拜朱美拉古城度假村水上皇宫酒店公共男用卫生间墙上的木格装饰
孙磊 摄
3. 阿联酋迪拜亚特兰蒂斯酒店公共卫生间的洗面台
4. 阿联酋迪拜哈利法塔阿玛尼酒店公共卫生间的洗面台
5. 阿联酋迪拜朱美拉古城度假村水上皇宫酒店残障人士卫生间
孙磊 摄
6. 阿联酋迪拜朱美拉古城度假村水上皇宫酒店公共男士卫生间
孙磊 摄

餐厅

迪拜餐厅的设计是最有诱惑力的，这个尤以帆船七星酒店令人难忘。这种诱惑力首先体现在色彩上，大红、深蓝、艳黄、纯白这些民族代表性的色彩，给人以极度的视觉冲击，与过去一般餐厅廋肉色、面包色有很大区别，而这些又很好的统一在地毯的图案的色彩之中。

其次，这种诱惑力体现在灯具的设计上，如海浪般涌动的波形顶棚灯加上蓝、绿、白变化的海水色面光，还有倒锥红布绳缠绕的间接照明灯具，以及餐台重点照明等，都会给就餐者增添食欲与浪漫。酒店所提供的食品涵盖西餐、中餐、日餐、韩餐、伊斯兰餐、印度餐等，满足七星级接待的世界各地、各名族的自助要求，仅就品尝一下，便可满意而归。

由于迪拜地处海边与伊斯兰国度，所以海洋的贝壳类以及穆斯林特有的图形也会成为装饰的亮点。各式用餐的沙发、卡座及各式的座椅设计，也为餐厅增色不少。

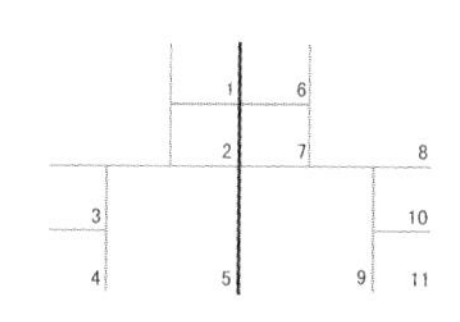

1. 迪拜帆船七星级酒店餐台与墙上的挂饰
张津墚 摄
2. 帆船七星级酒店红、白、蓝黄四色布置的餐厅
张津墚 摄
3. 迪拜帆船七星级酒店的配餐空间
张津墚 摄
4. 迪拜帆船七星级酒店餐厅的特色券洞
张津墚 摄
5. 阿联酋迪拜凯悦酒店的自助餐厅的摆餐台
张津墚 摄
6. 帆船七星级酒店红色调的陈设
张津墚 摄
7. 迪拜帆船七星级酒店从走廊望去的餐厅
张津墚 摄
8. 迪拜帆船七星级酒店餐饮空间如海底世界
9. 迪拜帆船七星酒店的吧台设计
10. 迪拜帆船七星级酒店圣诞树布置的装饰台
11. 迪拜帆船七星级酒店丰盛的自助餐台
张津墚 摄

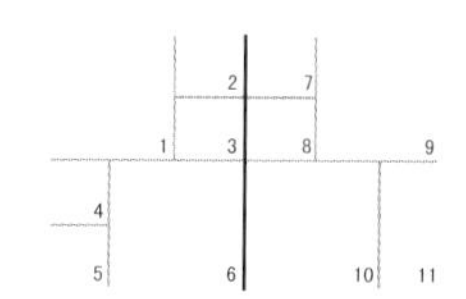

1. 迪拜帆船七星级酒店开敞的二层餐厅
2. 迪拜帆船七星级酒店二楼的餐厅入口
3. 迪拜帆船七星级酒店餐厅的桌椅与地毯色彩相容的设计
4. 迪拜帆船七星级酒店餐厅倒圆锥形的吊灯
5. 迪拜帆船七星酒店包房餐厅的入口
6. 迪拜帆船七星级酒店餐厅蓝色桌布上的陈设
7. 迪拜帆船七星级酒店餐厅入口处包房的隔断设计
8. 迪拜帆船七星级酒店咖啡厅的地面黑白格装饰
9. 迪拜帆船七星级酒店的大餐厅
10. 迪拜帆船七星级酒店大餐厅摆餐台
11. 迪拜帆船七星级酒店的外廊咖啡厅

1.迪拜帆船七星级酒店餐厅的顶部色彩变幻

2.迪拜帆船七星级酒店冷餐及海鲜摆餐台

3.迪拜帆船七星级酒店日式餐厅的入口装饰

4.迪拜帆船七星级酒店餐厅设置的钢琴

5.帆船七星酒店餐厅的过渡空间
蒋传勇 摄

6.朱美拉海滩酒店的室外餐饮区
蒋传勇 摄

7.迪拜朱美拉海滩酒店室外带形餐饮区
蒋传勇 摄

8.迪拜朱美拉海滩酒店的室内咖啡厅
申彤 摄

9.迪拜朱美拉古城度假村水上皇宫酒店室外就餐区
蒋传勇 摄

10.迪拜朱美拉海滩酒店餐厅的走廊

11.迪拜朱美拉海滩酒店室外餐饮区域上方设置的三角形叶帆遮阳装置
申彤 摄

Seasons Greetings

1. 阿联酋迪拜亚特兰蒂斯酒店餐厅的自助餐台
2. 阿联酋迪拜朱美拉古城度假村扎比尔宫殿酒店券柱分割的餐厅
孙磊 摄
3. 阿联酋迪拜朱美拉古城度假村扎比尔宫殿酒店大餐厅的豪华水晶吊灯
孙磊 摄
4. 阿联酋迪拜哈利法塔阿玛尼酒店的餐厅
李玉萍 摄
5. 阿联酋迪拜朱美拉古城度假村扎比尔宫殿酒店小型券柱餐厅
孙磊 摄
6. 阿联酋迪拜朱美拉古城度假村扎比尔宫殿酒店的小餐厅
孙磊 摄

1. 阿联酋迪拜哈利法塔阿玛尼酒店餐厅的服务台
2. 阿联酋迪拜哈利法塔阿玛尼酒店餐厅的休息处
3. 阿联酋迪拜亚特兰蒂斯酒店宽敞的餐厅设计
申彤 摄
4. 阿联酋迪拜亚特兰蒂斯酒店自助餐厅的摆台
5. 阿联酋迪拜朱美拉古城度假村扎比尔宫殿酒店的镜柱与顶棚装饰
孙磊 摄
6. 阿联酋迪拜哈利法塔阿玛尼酒店餐厅的就餐区
李玉萍 摄

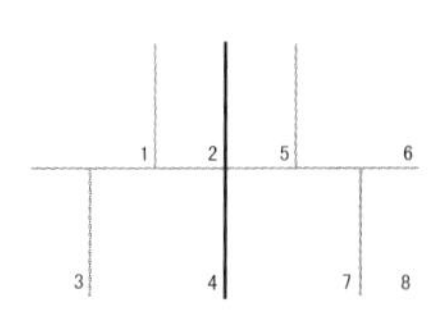

1. 朱美拉古城水上皇宫酒店郑和餐厅的餐饮与服务区 孙磊 摄
2. 朱美拉古城水上皇宫酒店郑和餐厅的门上装饰了寿字图案 孙磊 摄
3. 朱美拉古城水上皇宫酒店郑和餐厅中式红灯笼下的室外棚廊餐饮区 孙磊 摄
4. 朱美拉古城水上皇宫酒店郑和餐厅宫灯下围坐的大餐桌 孙磊 摄
5. 朱美拉古城水上皇宫酒店郑和餐厅的室外棚廊挨着运河 孙磊 摄
6. 阿联酋迪拜哈利法塔阿玛尼酒店的餐厅一角
7. 朱美拉古城水上皇宫酒店郑和餐厅中式花格栏杆扶手的楼梯间与宫灯 孙磊 摄
8. 朱美拉古城水上皇宫酒店郑和餐厅的入口 孙磊 摄

咖啡厅

咖啡厅在星级酒店中是要求设置的条件之一，而且在大堂附近居多，以备住店客人休息、会客之需。

咖啡原产于埃塞俄比亚的卡法，由于冲饮方便，现和果汁、茶叶、水等成为人们喜欢的饮品之一。

咖啡厅的布置不仅在接待处，在其他游览、休憩的场所，在泳池边，在观景之处，商店临区，都会出现规模不等的咖啡饮所，以提供想饮随饮的方便。

咖啡厅的设计，一般有服务台，饮咖啡的桌椅，餐台还会提供咖啡伴侣所需的白糖、牛奶等。如果有需要，现场配置咖啡也要准备磨细、冲煮、滤筛等小设备。

咖啡厅的色彩一般都会考虑咖啡色，也有设计牛奶、水果等和食物有关的色彩，以增加自然的协调感。

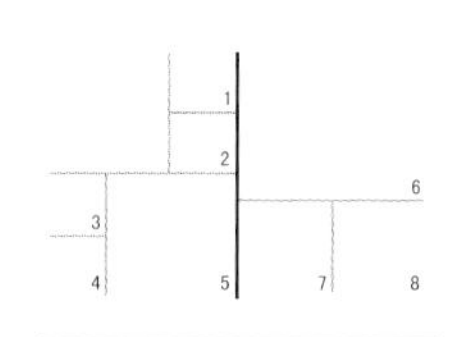

1. 阿联酋迪拜凯悦酒店精美的铁艺桌椅与木质咖啡桌面
张津梁 摄
2. 阿联酋迪拜亚特兰蒂斯酒店的咖啡吧
3. 阿联酋迪拜朱美拉古城度假村酒店室外咖啡广场
4. 阿联酋迪拜朱美拉古城度假村水上皇宫酒店室外咖啡区
5. 阿联酋迪拜凯悦酒店休闲咖啡吧区域
张津梁 摄
6. 阿联酋迪拜帆船七星酒店的酒吧与咖啡厅
申彤 摄
7. 阿联酋迪拜帆船七星酒店咖啡厅的饮具
申彤 摄
8. 阿联酋迪拜马可波罗酒店的咖啡厅

酒吧

酒吧是星级酒店中的餐饮重要内容之一。由于各地的酒不同，愿意喝的人都会在当地酒店入住后，找机会去小品、量酌一下。

酒吧有高坐吧台围桌的，也有散座布置的；有的在室内，也有的布置在室外；座位有高的，也有餐饮高度的，更有沙发休闲式的；有的酒吧是开放的，也有封闭设置的；有的酒吧光线暗暗的，也有的酒吧光线亮亮的；总之，喝酒的人喜好的环境不同，设计师的设计就会有不同。

由于酒精的原因，它有时会使有的人充满了醉意，所以有的酒吧总是会设计一些小情调，如播放一些背景音乐，布撒一些摇曳的灯光，还有伴舞演唱的等等。当然，面向大海，有好的园林景观也不错。总之环境好，人心情就好，酒量也会倍增，酒的销量伴随增长，设计的效益也就会显现出来。当然，好的室内环境设计也是不可或缺的。

有的酒吧设计有时也会和咖啡厅、餐饮空间相融在一起。

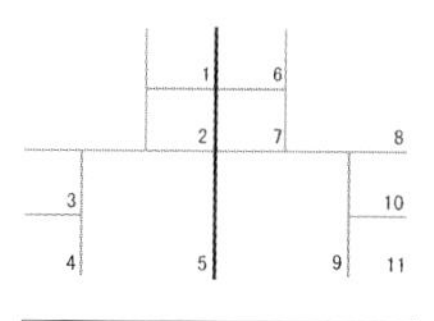

1. 迪拜帆船七星级酒店的的红色酒吧间
申彤 摄
2. 迪拜帆船七星级酒店酒吧间弧形高背沙发椅与锥形灯具
申彤 摄
3. 迪拜帆船七星级酒店二楼的酒吧沙发座位
4. 迪拜帆船七星级酒店二楼饮品的服务台
5. 迪拜帆船七星级酒店二楼的酒吧间
6. 迪拜马可波罗酒店的酒吧间
7. 迪拜帆船七星级酒店的酒吧间一角
蒋传勇 摄
8. 迪拜帆船七星级酒店的酒吧间吧台区 蒋传勇 摄
9. 迪拜亚特兰蒂斯酒店的室外酒吧夜景
蒋传勇 摄
10. 迪拜朱美拉海滩酒店室内外酒吧相邻
11. 迪拜朱美拉海滩酒店酒吧餐饮区的隔断处理

酒吧

1. 阿联酋迪拜亚特兰蒂斯酒店吧座与夸张的酒瓶
申彤 摄
2. 阿联酋迪拜亚特兰蒂斯酒店的酒吧廊区
申彤 摄
3. 阿联酋迪拜朱美拉海滩酒店高耸的酒吧空间
申彤 摄
4. 阿联酋迪拜朱美拉海滩酒店酒吧的会客区
申彤 摄
5. 阿联酋迪拜朱美拉海滩酒店酒吧区桌面上布置了酒杯与餐具
申彤 摄
6. 阿联酋迪拜朱美拉海滩酒店葡萄酒存放的酒柜
申彤 摄

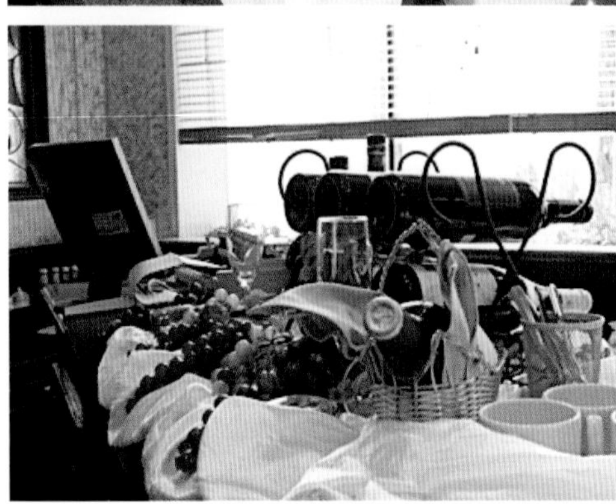

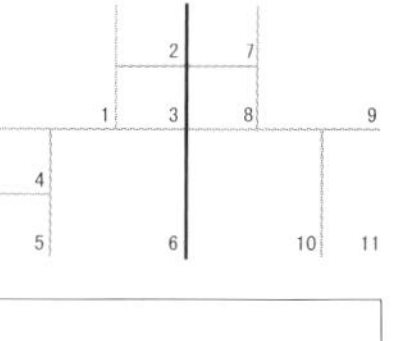

1. 迪拜朱美拉海滩酒店酒吧食品加工服务台
申彤 摄

2. 迪拜朱美拉海滩酒店的酒吧餐饮区一角
申彤 摄

3. 迪拜朱美拉海滩酒店的酒吧餐饮区域
申彤 摄

4. 迪拜朱美拉海滩酒店的酒吧餐饮摆台
申彤 摄

5. 迪拜马可波罗酒店的酒台展示

6. 迪拜朱美拉海滩酒店内外酒吧及餐饮区
申彤 摄

7. 迪拜朱美拉海滩酒店的吧区俯瞰
申彤 摄

8. 迪拜朱美拉酒店室外酒吧餐饮区
蒋传勇 摄

9. 迪拜朱美拉酒店室内酒吧餐饮区
蒋传勇 摄

10. 迪拜凯悦酒店酒吧柜台与酒吧座区一体化设计
张津梁 摄

11. 迪拜朱美拉海滩酒店的室外酒吧布置
申彤 摄

1. 阿联酋迪拜亚特兰蒂斯酒店长条形的酒吧
蒋传勇 摄
2. 阿联酋迪拜亚特兰蒂斯酒店酒吧间的酒柜
蒋传勇 摄
3. 阿联酋迪拜亚特兰蒂斯酒店酒吧的吧坐区
蒋传勇 摄
4. 阿联酋迪拜亚特兰蒂斯酒店酒吧间吧台区与座位区的弧形吧台
蒋传勇 摄
5. 阿联酋迪拜亚特兰蒂斯酒店的酒吧间
蒋传勇 摄
6. 阿联酋迪拜亚特兰蒂斯酒店的酒吧座位区
蒋传勇 摄

1. 阿联酋迪拜朱美拉扎比尔宫殿酒店酒吧间设置了超频电视
孙磊 摄
2. 阿联酋迪拜朱美拉扎比尔宫殿酒店酒吧间的走廊与吧座区
孙磊 摄
3. 阿联酋迪拜朱美拉扎比尔宫殿酒店酒吧间的吧座区
孙磊 摄
4. 阿联酋迪拜WAFI酒店商业区的酒吧
5. 阿联酋迪拜朱美拉扎比尔宫殿酒店酒吧间的休息区
孙磊 摄
6. 阿联酋迪拜朱美拉扎比尔宫殿酒店酒吧间的大厅
孙磊 摄

休息厅

休息厅的设置是酒店设计的重要内容。这是因为，对于辗转来到酒店的客人需要短暂的休息调整；还有，由于酒店之大，走累了也需要调整一下；另外，在进入一个空间前，有时也需要调整、休息或等待等。即使客人在自已的客房内也需要离开床笫的座椅休息区。

休息厅一般设在大堂，即办理入住手续前后的区域。也可围绕走廊一侧或两侧来设置。还有在楼梯高端的休息平台，过厅、走马廊等处也有设置考虑。

休息厅的设计，除了本身的座椅沙发等陈设外，有条件的，一般也要选择靠近有风景的地方，如窗户、中庭等处。如果不能借景，也要注意放些挂画、盆栽等，以伴随时间流逝的情趣。

休息厅的座椅，一般选择沙发，因为这样的角度适于休息，如结合会客、洽谈也可选择一般的椅子，但同时也要考虑其舒适性的要求。

1. 阿联酋迪拜哈利法塔阿玛尼酒店大堂的休息区
李玉萍 摄
2. 阿联酋迪拜帆船七星级酒店客房的休息圆厅
申彤 摄
3. 阿联酋迪拜朱美拉古城度假村水上皇宫酒店过厅的休息区
蒋传勇 摄
4. 阿联酋迪拜帆船七星级酒店楼梯间在休息平台上设计的休息厅
申彤 摄
5. 阿联酋迪拜帆船七星级酒店疏散走廊前的休息厅
申彤 摄
6. 阿联酋迪拜朱美拉海滩酒店休息厅与墙上挂画
蒋传勇 摄
7. 阿联酋迪拜朱美拉海滩酒店的休息大厅
蒋传勇 摄

1. 阿联酋迪拜哈利法塔阿玛尼酒店的休息厅
2. 阿联酋迪拜帆船七星级酒店宽敞的休息厅
3. 阿联酋迪拜帆船七星级酒店一楼靠近玻璃幕墙的休息厅
   张津墚 摄
4. 阿联酋迪拜帆船七星级酒店通向桌球室走廊的休息过厅
   张津梁 摄
5. 阿联酋迪拜帆船七星级酒店二楼休息厅的入口
6. 阿联酋迪拜帆船七星级酒店交通枢纽处的休息厅
   蒋传勇 摄

休息厅

1. 阿联酋迪拜凯悦酒店放置休闲沙发的走廊休息区域
张津墚 摄
2. 阿联酋迪拜凯悦酒店客房内的休息角
张津墚 摄
3. 阿联酋迪拜凯悦酒店置于花坛旁的美人靠沙发椅
张津墚 摄
4. 阿联酋迪拜凯悦酒店临近中庭的二楼休息平台
张津墚 摄
5. 阿联酋迪拜凯悦酒店门庭处的休息区
张津墚 摄
6. 阿联酋迪拜帆船酒店酒吧入口处的休息厅
蒋传勇 摄

休息厅

1. 阿联酋迪拜朱美拉古城度假村水上皇宫酒店大堂环绕喷泉设置的休息区座椅
蒋传勇 摄
2. 阿联酋亚特兰蒂斯酒店大堂边缘设计的局部休息区
申彤 摄
3. 阿联酋迪拜朱美拉古城度假村水上皇宫酒店休息区的座椅等陈设用品
蒋传勇 摄
4. 阿联酋迪拜朱美拉古城度假村水上皇宫酒店休息区的设计极具民俗风情
蒋传勇 摄
5. 阿联酋迪拜朱美拉古城度假村水上皇宫酒店走廊过厅一角的休息区，在多叶券龛洞下安置了沙发座椅等陈设
蒋传勇 摄
6. 阿联酋迪拜朱美拉古城度假村水上皇宫酒店过厅休息区
蒋传勇 摄

走 廊

酒店的走廊是连接两个空间之间的通道与“桥梁”，也是走向不同方向的交通枢纽或节点。作为连续空间的特殊形态设计，它的手法多变，也是备受关注的。

一般的走廊为狭长的长方形空间，但当它与大厅、中庭等不同空间结合后，这种僵化的空间形态就会被打破，而变成具有开放性。走廊的侧面有时会被改变成为弧形，当走廊与各种形式的券洞结合后，则变得富有重复的节奏与韵律，其形式也更散发出民族的文化、历史与气息。

走廊地面对门或通路的指向的限定，而使图案的设计更具有个性化，所以各酒店都会有一些特殊的地面装饰符号，以对于走廊空间进行限制。走廊地面材料有地毯铺装的，也有石材或地砖铺贴的。至于顶棚结合灯光，有与地面呼应的，也有单独考虑的。

墙柱的设计也是引导走廊的手法之一，走廊节点与枢纽的设计也是最精彩的，这不论是体现在地面，也更体现在顶棚上。

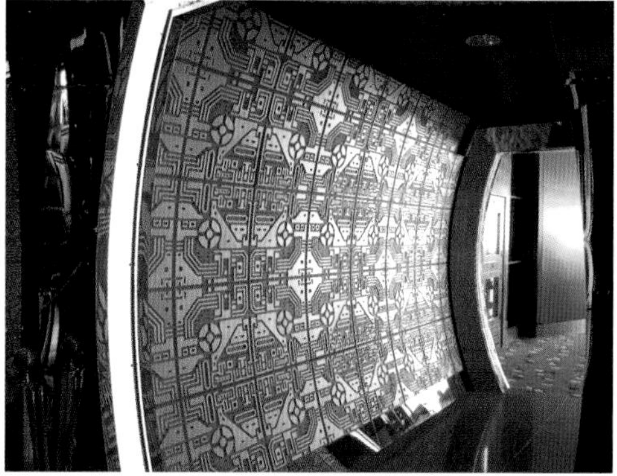

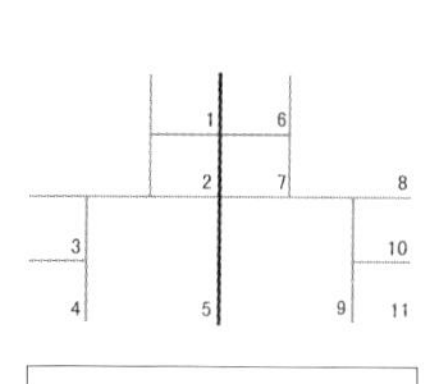

1. 迪拜帆船酒店二层走廊连接店面
张津墚 摄
2. 迪拜帆船酒店的走廊结合休息区
张津墚 摄
3. 迪拜帆船酒店结合柱子、天棚与地毯来限定走廊
张津墚 摄
4. 帆船酒店走廊节点设计为圆厅
张津墚 摄
5. 帆船酒店临走廊店面的门窗设计
张津墚 摄
6. 迪拜帆船酒店通往餐厅弧形墙面的走廊
张津墚 摄
7. 帆船酒店走廊的弧形墙面上装饰了电路板纹样
张津墚 摄
8. 迪拜帆船酒店餐厅的走廊入口
张津墚 摄
9. 迪拜帆船酒店走廊地面设计的回纹图案
张津墚 摄
10. 迪拜帆船酒店走廊墙面的马赛克图案设计
蒋传勇 摄
11. 帆船酒店走廊灯光的照明效果
张津墚 摄

走 廊

1. 迪拜亚特兰蒂斯酒店的客房走廊
申通 摄
2. 迪拜哈利法塔阿玛尼酒店的走廊
李玉萍 摄
3. 迪拜亚特兰蒂斯酒店的走廊地面图案起到了指示作用
4. 迪拜帆船七星级酒店走廊采用红绿色块设计
张津梁 摄
5. 迪拜帆船七星级酒店餐厅前走廊
6. 迪拜帆船七星级酒店地毯相间的走廊
张津梁 摄
7. 迪拜帆船七星级酒店围绕中庭客房的外走廊
张津梁 摄
8. 迪拜帆船七星级酒店的走廊
张津梁 摄
9. 迪拜帆船七星级酒店面向中庭客房入口的走廊
张津梁 摄
10. 迪拜亚特兰蒂斯酒店无顶中叶尖的多叶券走廊
11. 帆船七星级酒店商业区走廊
张津梁 摄

1 2 5 6
3 4 7 8

1. 阿联酋迪拜帆船七星级酒店与电梯前厅联接的走廊
2. 阿联酋迪拜亚特兰蒂斯酒店的客房走廊
蒋传勇 摄
3. 阿联酋迪拜亚特兰蒂斯酒店的叶券廊
蒋传勇 摄
4. 阿联酋迪拜亚特兰蒂斯酒店走廊的棕榈柱与海豚灯
蒋传勇 摄
5. 阿联酋迪拜亚特兰蒂斯酒店十字拱的走廊
蒋传勇 摄
6. 阿联酋迪拜帆船七星级酒店走廊的墙上设置了挂画
7. 阿联酋迪拜帆船七星级酒店与商店连接的走廊
8. 阿联酋迪拜帆船七星级酒店二楼走廊与中庭结合
申彤 摄

走廊

1. 阿联酋迪拜朱美拉古城度假村扎比尔宫殿酒店客房的走廊照明采用蜂窝图案
孙磊 摄
2. 阿联酋迪拜朱美拉古城度假村扎比尔宫殿酒店土耳其式多枝吊灯引导的宽敞走廊
孙磊 摄
3. 阿联酋迪拜亚特兰蒂斯酒店发光天棚的走廊
蒋传勇 摄
4. 阿联酋迪拜帆船七星级酒店走廊侧墙的装饰
申彤 摄
5. 阿联酋迪拜亚特兰蒂斯酒店通向SPA 的汀步走廊
蒋传勇 摄
6. 阿联酋迪拜帆船七星级酒店走廊凹进处设置了休息部位
申彤 摄
7. 迪拜帆船七星级酒店连接电梯厅的日餐走廊
申彤 摄
8. 迪拜帆船七星级酒店走向电梯前室的走廊与天棚照明相呼应
申彤 摄

走廊

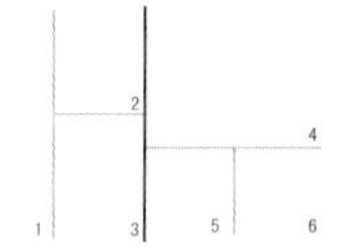

1. 阿联酋迪拜帆船七星级酒店走廊的枢纽圆厅
申彤 摄
2. 阿联酋迪拜亚特兰蒂斯酒店与大堂连接的走廊门及券上装饰
3. 阿联酋迪拜亚特兰蒂斯酒店走廊地毯与光棚不对应的设计方法
申彤 摄
4. 阿联酋迪拜帆船七星级酒店与楼梯间联接的走廊
蒋传勇 摄
5. 阿联酋迪拜亚特兰蒂斯酒店宽敞的走廊大厅
蒋传勇 摄
6. 阿联酋迪拜亚特兰蒂斯酒店局部墙面上做的镜面处理，使长长的走廊有一个垂直方向的透视空间

走廊

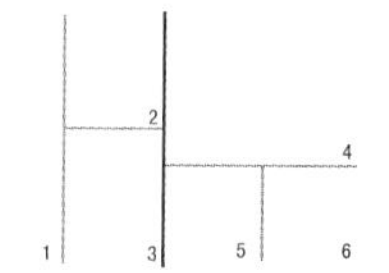

1. 阿联酋迪拜帆船七星级酒店特型金柱引导的走廊
申彤 摄
2. 阿联酋迪拜亚特兰蒂斯酒店地灯引导的双面镜廊
蒋传勇 摄
3. 阿联酋迪拜朱美拉海滩酒店色条引导的走廊
申彤 摄
4. 阿联酋迪拜帆船七星级酒店导入日式餐厅的走廊
5. 阿联酋迪拜朱美拉海滩酒店金色图案装饰柱子的走廊
蒋传勇 摄
6. 阿联酋迪拜朱美拉海滩酒店走廊墙面处理与棚面地面协调设计
申彤 摄

1. 阿联酋迪拜亚特兰蒂斯酒店大堂的走廊
蒋传勇 摄
2. 阿联酋迪拜亚特兰蒂斯酒店靠近外墙一侧的走廊
蒋传勇 摄
3. 阿联酋迪拜朱美拉海滩酒店彩绘柱子引导的走廊
申彤 摄
4. 阿联酋迪拜亚特兰蒂斯酒店海螺券装饰的走廊
蒋传勇 摄
5. 阿联酋迪拜帆船七星级酒店走廊墙面的装饰
蒋传勇 摄
6. 阿联酋迪拜帆船七星级酒店走廊一端的墙面与走廊墙面相协调成电路板纹样
蒋传勇 摄

楼梯间

楼梯间的设计是酒店交通空间的重要内容之一，因为这是解决入住客人竖向交通不可替代的重要手段。由于它连接了上下两层空间，所以，空间形式倍受关注。

楼梯间的形式有开放的，也有封闭的，这取决于复杂的因素，但这其中最重要的因素就是要符合防火与疏散。中庭的楼梯间一般采取开放，而且旋转居多，这是由于它会展现优美的形态所致。当然，大多数酒店的楼梯间一般还是采取折返的形式，不但这空间节省，还为行走带来方便。

楼梯间的栏板与扶手是装饰的重点，扶手有木制的，也有金属的。栏板有金属花的，也有透明玻璃的。

楼梯间的装饰设计也是需要花心思的地方，用品与围面图案色彩的民族化、地域化，对于度假酒店来说是最有吸引力的。这些不仅体现在扶手栏板上，也还体现在墙、棚与地面上。为了加强多颗星的展示，像帆船酒店，更是将扶手与栏花的金属镀金，使其浮出众星酒店的水面，而成为璀璨的佼佼者。

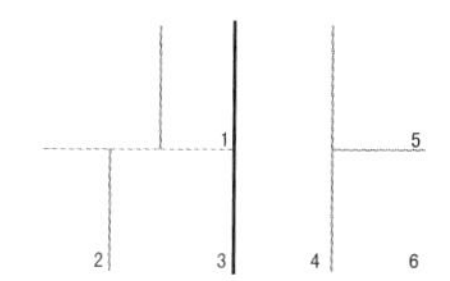

1. 阿联酋迪拜亚特兰蒂斯酒店由休息平台步入的楼梯间
蒋传勇 摄
2. 阿联酋迪拜帆船七星级酒店客房楼梯的镀钛金属栏杆与扶手
3. 阿联酋迪拜朱美拉古城度假村水上皇宫酒店郑和餐厅的中式楼梯间
蒋传勇 摄
4. 阿联酋迪拜朱美拉海滩酒店漂亮的旋转开敞楼梯间
蒋传勇 摄
5. 阿联酋迪拜帆船七星级酒店带有弧形墙限定的楼梯间，墙裙采用了伊斯兰图案装饰
张津梁 摄
6. 阿联酋迪拜朱美拉海滩酒店的旋转形楼梯，栏板采用弧形安全玻璃

电梯间

电梯是酒店解决日常垂直交通的重要设施，尤其是对于楼层比较高的酒店，电梯的快捷与方便就显得尤为重要。

电梯的设计装饰重点在轿厢的内部，一般体现在轿厢墙壁与顶棚，有硬装，也有软装。镜子的设置，也有考虑轮椅转动的视线需要。迪拜帆船七星酒店电梯轿厢顶部采用贝壳样式，着实很有新意。

电梯门的装饰一般考虑门套的部位，上部也有加长版的。帆船七星酒店电梯门套采用镀钛波浪向上离墙倾斜，增加了动感与豪华之态。

电梯门面的装饰也是吸引客人眼球的地方，帆船七星酒店采用分层图案装饰梯门，强调了识别性。

电梯间的设计，还体现在候梯厅的装饰上，每个酒店的特有图形元素都会装点其间。照明方式与灯具的设计也是候梯厅装饰的亮点所在。

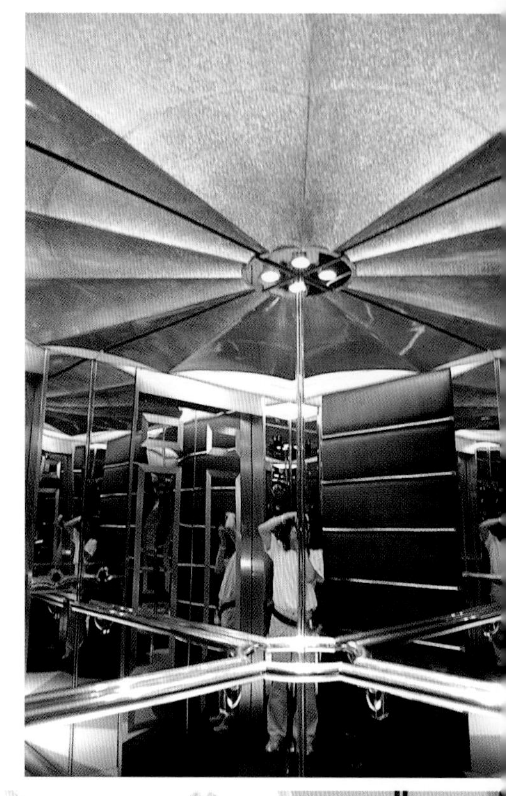

1. 迪拜帆船七星级酒店电梯间电梯轿厢内部伞形棚灯与镜子装饰
张津梁 摄
2. 迪拜帆船七星级酒店电梯间的侯梯厅采用不锈钢镀钛板装饰
张津樑 摄
3. 帆船七星级酒店电梯间蓝麻石材修饰的电梯门套
张津樑 摄
4. 迪拜凯悦酒店华丽电梯厅廊的地面图案对应电梯间入口
张津梁 摄
5. 迪拜帆船七星级酒店不同楼层的电梯间套门装饰
张津樑 摄
6. 迪拜帆船七星级酒店电梯间侯梯厅地面的地毯
张津樑 摄
7. 迪拜亚特兰蒂斯酒店侯梯厅贝壳类装饰的壁灯
申彤 摄
8. 亚特兰蒂斯酒店凹入的侯梯厅
申彤 摄
9. 迪拜亚特兰蒂斯酒店发光的电梯门套设计
申彤 摄

商 店

酒店中的商店设计是重要的内容之一。酒店之中的商店一般分为这样几种类型：一为日用品商店，是为了满足客人使用急需；二为纪念品与旅游介绍书等文化用品商店，以满足旅游纪念和景点游览的需要；三为地域商品店，以满足国外旅居客人猎奇购物的心理；四为精品及品牌店，这是为了满足一部分高端客人奢侈品的购置。

酒店中的商店设计一般不同于购物中心，由于面积不会太大，一般都会加强选择，因而装饰程度也会有所提高，并与酒店总体的装饰风格相协调。例如，迪拜帆船七星酒店，采取镀钛金属门面，以和酒店的用金水平相一致。

各酒店商品店面的券洞形式也会和酒店内其他门券取得一致。还有，商店内部的商品展示设计与一般的商店业态基本相同。

1. 阿联酋迪拜朱美拉古城度假村水上皇宫酒店特色的商店 申彤 摄
2. 阿联酋迪拜朱美拉海滩酒店的商店具有蓝色特点 申彤 摄
3. 阿联酋迪拜帆船七星级酒店镀钛金属门套装饰的商店入口 张津墚 摄
4. 阿联酋迪拜朱美拉古城度假村水上皇宫酒店购物中心的家居用品商店
5. 阿联酋迪拜帆船七星级酒店的精品女性用品商店 张津墚 摄
6. 阿联酋亚特兰蒂斯酒店蒂芙尼珠宝商店的橱窗

damas
Les Exclusives
Boutique
المعرض المميز

1. 阿联酋迪拜帆船七星级酒店达马斯莱斯专有品牌商店
申彤 摄
2. 阿联酋迪拜帆船七星级酒店的精品店面
3. 阿联酋迪拜亚特兰蒂斯酒店的精品女店
蒋传勇 摄
4. 阿联酋迪拜帆船七星级酒店达马斯莱斯店内的装饰细部
5. 阿联酋迪拜帆船七星级酒店达马斯莱斯店内的顶棚与地面装饰
6. 阿联酋迪拜朱美拉古城度假村水上皇宫酒店的民俗器皿商店
申彤 摄

桌球室

一般来说，在酒店中设置桌球室是非常少见的，尽管如此，有的酒店还是有所考虑，迪拜帆船七星酒店的桌球室就是其中一例。

桌球室的设计一般以球桌为中心，要考虑球杆的存放，合适的桌面照度。配套设计的还有休息谈话区，酒吧饮品区等。

迪拜帆船七星酒店设有进入前区的长厅，有书吧与休息座位，这个细节，也是考虑了其他客人可能会等待的情况出现。

另外，迪拜帆船七星酒店桌球室的柱式，灯饰以及地毯等等，也都考虑了阿联酋地域文化的特点。

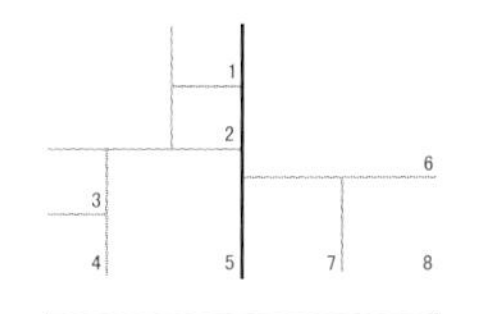

1. 阿联酋迪拜帆船酒店由走廊进入望去的桌球室与门柱装饰细部
张津墚 摄
2. 阿联酋迪拜帆船酒店桌球室的休息区
张津墚 摄
3. 阿联酋迪拜帆船酒店桌球室休息区的陈设与台灯
张津墚 摄
4. 阿联酋迪拜帆船酒店桌球室门柱的壁灯
张津墚 摄
5. 阿联酋迪拜帆船酒店桌球室地毯装饰
张津墚 摄
6. 阿联酋迪拜帆船酒店的桌球厅内的吧台与电脑设施
张津墚 摄
7. 阿联酋迪拜帆船酒店桌球室酒吧的座椅
张津墚 摄
8. 阿联酋迪拜帆船酒店桌球室酒吧的酒柜
张津墚 摄

理发店

在酒店设计中设置理发店，虽然少，但也不是没有，特别是考虑服务的周到，在高星级别的酒店设计中就会有。例如，迪拜酒店中的帆船七星。

理发店的位置考虑，一般会选在大堂稍偏的地方，或在楼层的某个部位。如迪拜帆船酒店就将其设在某楼层的与电梯厅连接处。这样，相对来说就会保持卫生的洁净分区。

理发店的核心区是理发，附属的有等候区、洗头区、仓储区等。当然，手续办理柜台也是不可或缺的。基于商业服务的考虑，附设护发、护肤专柜商品也是可行的。

理发店的镜面一般为矩形，也有设计为弧形或曲线形。

理发店顶棚的造型装饰与地面材料对于清洁的便利也是设计要考虑的重点。

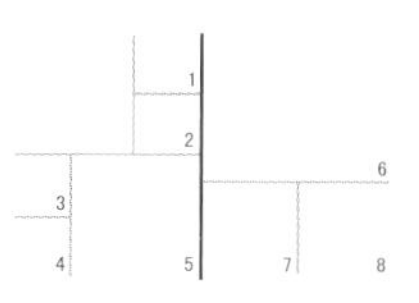

1. 阿联酋迪拜帆船七星级酒店的理发店
张津梁 摄

2. 阿联酋迪拜帆船七星级酒店接待区的装修
张津梁 摄

3. 阿联酋迪拜帆船七星级酒店理发店的洗头区
张津梁 摄

4. 阿联酋迪拜帆船七星级酒店理发店的服务台
张津梁 摄

5. 阿联酋迪拜帆船七星级酒店理发店工作间与储藏柜
张津梁 摄

6. 阿联酋迪拜亚特兰蒂斯酒店的理发区
蒋传勇 摄

7. 阿联酋迪拜帆船七星级酒店的理发店面
张津梁 摄

8. 阿联酋迪拜亚特兰蒂斯酒店理发店的洗发区
蒋传勇 摄

SPA按摩

SPA在酒店中占有重要位置。水疗、健身、按摩，不仅能给入住酒店的客人带来放松，也会给坚持锻炼的人们提供持续健身的场所。

SPA水疗有时会与泳池结合在一起，一般还会设计供儿童或不会游泳的人们小的池区或个人的水池。泳池的设计除了具有地域文化特点外，结合自然的处理也比较多。还有池区边缘要考虑溢水收集的设施。

浴区材料除了石材、瓷砖、马赛克等耐清洁的材料外，局部毛巾软垫防滑也是需要考虑的。

SPA水疗空间的设计，有接待、换衣、理容、休息、淋浴、洗面、按摩、健身等场合，围绕这些厅室的设计，灯光与色彩一般是要考虑的重点，通常要具有协调、放松、宁静和舒适的特点。

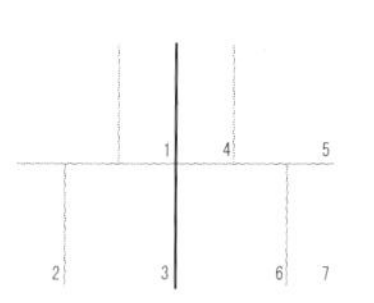

1. 阿联酋迪拜帆船七星级酒店 SPA 门厅柱头与顶棚连接的细部
申彤 摄
2. 阿联酋迪拜帆船七星级酒店 SPA 水池边的台阶与扶手
申彤 摄
3. 阿联酋迪拜帆船七星级酒店 SPA 水池底部的花纹图案
申彤 摄
4. 阿联酋迪拜帆船七星级酒店 SPA 马赛克装饰的柱子
申彤 摄
5. 阿联酋迪拜帆船七星级酒店 SPA 石材装饰台面马蹄形小浴池
申彤 摄
6. 阿联酋迪拜帆船七星级酒店 SPA 泳池边的地面石材、瓷砖、马赛克装饰图案
申彤 摄
7. 阿联酋迪拜帆船七星级酒店 SPA 门厅的地面与围墙图案
申彤 摄

1. 阿联酋迪拜帆船七星级酒店 SPA 地面马赛克拼图
申彤 摄
2. 阿联酋迪拜帆船七星级酒店 SPA 躺椅休息区
申彤 摄
3. 阿联酋迪拜帆船七星级酒店 SPA 走廊
蒋传勇 摄
4. 阿联酋迪拜帆船七星级酒店 SPA 墙上的伊斯兰木窗装饰
申彤 摄
5. 阿联酋迪拜帆船七星级酒店 SPA 的陈设装饰细部
申彤 摄
6. 阿联酋迪拜帆船七星级酒店 SPA 的柱础与排水地漏
申彤 摄
7. 阿联酋迪拜帆船七星级酒店 SPA 厅的圆形水池
申彤 摄
8. 阿联酋迪拜帆船七星级酒店 SPA 躺椅后的漂亮马赛克墙面图案
申彤 摄

1. 阿联酋迪拜帆船七星级酒店 SPA 水疗的换衣间 申彤 摄
2. 阿联酋迪拜帆船七星级酒店 SPA 的洗手间 申彤 摄
3. 阿联酋迪拜帆船七星级酒店 SPA 水疗区走廊 申彤 摄
4. 阿联酋迪拜帆船七星级酒店 SPA 换衣间内配有洗面台与镜子 申彤 摄
5. 迪拜亚特兰蒂斯酒店 SPA浴巾的存储柜 蒋传勇 摄
6. 阿联酋迪拜帆船七星级酒店 SPA 休息区 申彤 摄
7. 阿联酋迪拜帆船七星级酒店 SPA 淋浴区的马赛克墙面装饰图案 申彤 摄
8. 阿联酋迪拜帆船七星级酒店 SPA 浴厅用来分区的柱廊 申彤 摄

SPA按摩

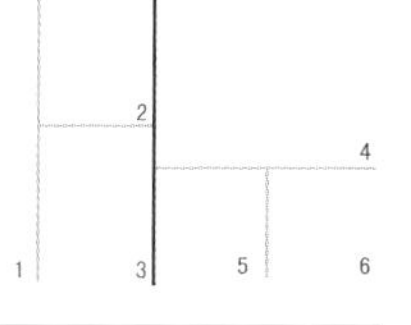

1. 阿联酋迪拜凯悦酒店 SPA的水池
张津梁 摄
2. 阿联酋迪拜帆船七星级酒店 SPA换衣间的理容镜
申彤 摄
3. 阿联酋迪拜帆船七星级酒店 SPA的独立淋浴间
申彤 摄
4. 阿联酋迪拜帆船七星级酒店 SPA的浴池地面铺设了防滑浴巾
申彤 摄
5. 阿联酋迪拜凯悦酒店通向 SPA泳区的木桥设计
张津樑 摄
6. 阿联酋迪拜凯悦酒店 SPA设计成自然的情趣
张津樑 摄

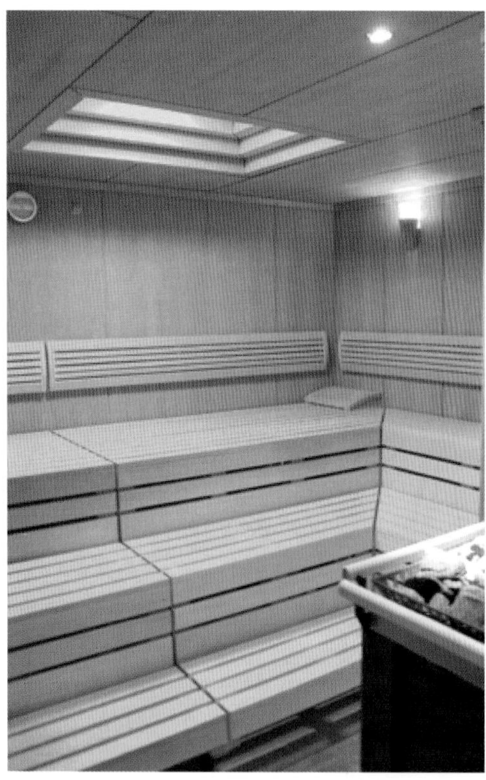

1. 阿联酋迪拜亚特兰蒂斯酒店 SPA 的桑拿浴室
蒋传勇 摄
2. 阿联酋迪拜亚特兰蒂斯酒店 SPA 的浴区挂画
蒋传勇 摄
3. 阿联酋迪拜亚特兰蒂斯酒店 SPA 浴池的空间设计
蒋传勇 摄
4. 阿联酋迪拜亚特兰蒂斯酒店 SPA 的休息区
蒋传勇 摄
5. 阿联酋迪拜亚特兰蒂斯酒店 SPA 按摩区的家具陈设
蒋传勇 摄
6. 阿联酋迪拜亚特兰蒂斯酒店 SPA 的浴巾存放处
蒋传勇 摄

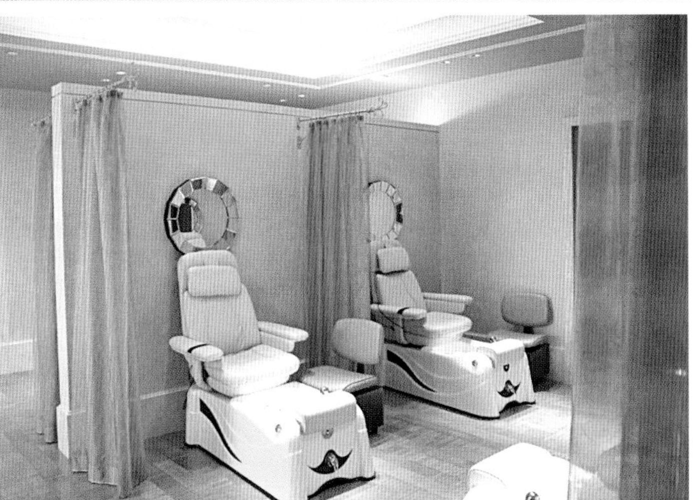

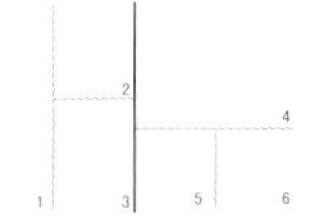

1. 阿联酋迪拜亚特兰蒂斯酒店 SPA 的接待大厅
蒋传勇 摄
2. 阿联酋迪拜亚特兰蒂斯酒店 SPA 的理容区
蒋传勇 摄
3. 阿联酋迪拜亚特兰蒂斯酒店 SPA 的走廊
蒋传勇 摄
4. 阿联酋迪拜亚特兰蒂斯酒店 SPA 的健身区与接待台
蒋传勇 摄
5. 阿联酋迪拜亚特兰蒂斯酒店 SPA 的高级电动洗脚按摩设备
蒋传勇 摄
6. 阿联酋迪拜亚特兰蒂斯酒店 SPA 的休息厅
蒋传勇 摄

陈 设

陈设是酒店装饰的重要内容，对于软装提升的今天，酒店除了客房外，大厅、走廊、休息处等的陈设就成为设计师关注的重点。

陈设品的设计一般要注意突出地域与民俗的特点，起到画龙点睛的作用。比如，迪拜酒店中，将阿联酋地域的的金属器物、家居饰品、古船等陈列在大厅、走廊等处，有的结合商业陈设，给异域来宾以新颖别致的兴奋感。

除了沙发、家具布艺外，迪拜酒店将窗帘、帷幔配合工艺品陈设进行设计，起到了相得益彰的效果。在有的地方设置镜饰台，同时起到了实用与欣赏的双重效果。

插花与花台的设置，总是能给入住客人以温馨、浪漫的感受。

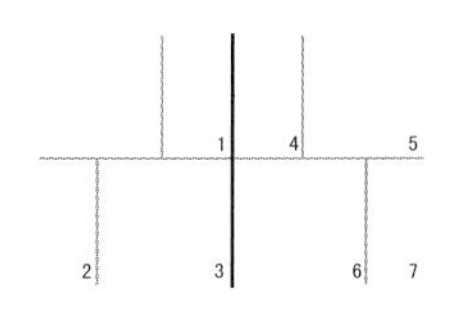

1. 阿联酋迪拜帆船七星级酒店放花的台几
2. 阿联酋迪拜帆船七星级酒店节日装点的圣诞树
   申彤 摄
3. 阿联酋迪拜帆船七星级酒店超尺度曲线沙发与地毯
4. 阿联酋迪拜帆船七星级酒店的模型陈设品
   申彤 摄
5. 阿联酋迪拜帆船七星级酒店走廊区的镜饰台几
   申彤 摄
6. 阿联酋迪哈利法塔阿玛尼酒店的的小陈设
   李玉萍 摄
7. 阿联酋迪拜帆船七星级酒店客房客厅设置的带有民俗特点的理容镜台
   申彤 摄

MARINA

1. 迪拜朱美拉古城度假村水上皇宫酒店购物中心的商业陈设
申彤 摄
2. 迪拜朱美拉古城度假村水上皇宫酒店商店前的陈设
申彤 摄
3. 朱美拉古城度假村水上皇宫酒店商店内的陈设
申彤 摄
4. 迪拜朱美拉古城度假村水上皇宫酒店购物中心家居饰品的陈设
申彤 摄
5. 朱美拉古城度假村水上皇宫酒店的民俗沙发
申彤 摄
6. 迪拜朱美拉古城度假村水上皇宫酒店购物中心展示的民俗金属器物陈设
申彤 摄
7. 迪拜朱美拉古城度假村水上皇宫酒店购物走廊展示的古木船
申彤 摄
8. 迪拜朱美拉古城度假村水上皇宫酒店商店内放置的水壶
申彤 摄

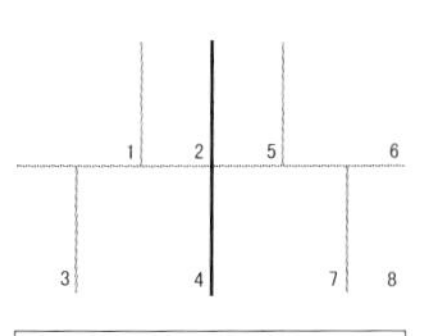

1. 迪拜凯悦酒店在大厅放置的花几
张津墚 摄
2. 迪拜凯悦酒店置于厅处的理容镜
张津墚 摄
3. 迪拜凯悦酒店置于厅内的古典物品陈设台
张津墚 摄
4. 迪拜凯悦酒店梯端休息平台的布艺花台
张津墚 摄
5. 迪拜凯悦酒店廊间布置的特色几台
张津墚 摄
6. 迪拜凯悦酒店休息厅布置的角几茶几与花几台
张津墚 摄
7. 迪拜凯悦酒店交通节点处陈设的艺术品
张津墚 摄
8. 迪拜凯悦酒店大厅花台上的插花
张津墚 摄

地面铺装

地面铺装在酒店设计中占有重要地位。酒店的地面分为室外铺装与室内铺装两个部分。

室外地面铺装会采用花岗石、不规则块石、马路石、广场石或砖、水洗豆沙粒卵石、马赛克等材料，以满足抗老化、防滑和组图设计的需要。

室内地面铺装会采用大理石、地砖、马赛克、地毯等材料。在大堂、大厅、走廊等处，一般会采取规则的图案，而在餐厅、酒吧、咖啡厅、商店等处一般则会采取不规则的图案。

每个酒店地面都会采取专门设计的图案图形，如连曲线、波浪线、旋曲线等。有超大型的，也有碎花点点的。有的图案变形会结合走廊分区、通道指向等。这些特色的图形不仅给酒店增加了美感，而且总是令入住客人心动和难以忘怀。也在一个方面，增加了酒店的辨识度。如帆船七星酒店一楼大堂超大尺度特制的地毯，还有如颜料洒地自然流淌开来的艺术不规则图案的石材地面等。

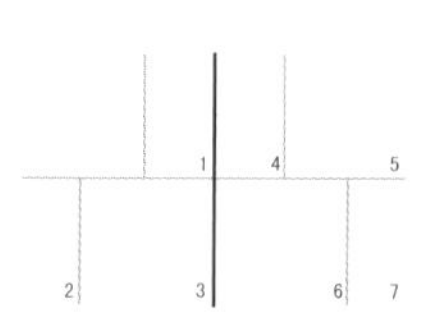

1. 迪拜亚特兰蒂斯酒店走廊凹曲四边形的地面图案其中两角为凸圆形
申彤 摄
2. 迪拜亚特兰蒂斯酒店卫生间地面方块点状间隔铺装
申彤 摄
3. 迪拜亚特兰蒂斯酒店休息平台的内伊斯兰四叶图案的地面铺装
申彤 摄
4. 迪拜亚特兰蒂斯酒店大堂走廊角端连圆图案地面
申彤 摄
5. 迪拜亚特兰蒂斯酒店方菱形地面瓷砖铺设
申彤 摄
6. 迪拜亚特兰蒂斯酒店餐厅圆形图案交织的红色地毯
7. 迪拜帆船七星级酒店放射性图案的理石地面
申彤 摄

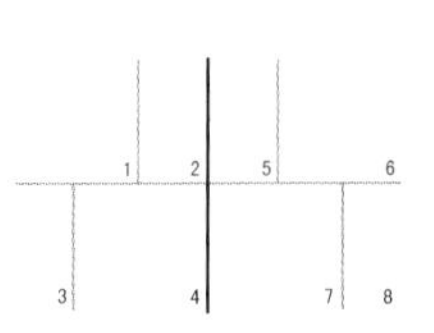

1. 迪拜朱美拉古城度假村水上皇宫酒店方形地砖铺设的地面
蒋传勇 摄

2. 朱美拉古城度假村水上皇宫酒店走廊黑线方形色块铺设的地面
蒋传勇 摄

3. 迪拜朱美拉海滩酒店的地砖色条拼图

4. 迪拜朱美拉古城度假村水上皇宫酒店三角向心圆形图案地面设计
蒋传勇 摄

5. 迪拜朱美拉古城度假村水上皇宫酒店方形地砖组图的走廊地面
蒋传勇 摄

6. 朱美拉古城度假村水上皇宫酒店石材拼花地面
蒋传勇 摄

7. 迪拜朱美拉古城度假村水上皇宫酒店仿石地面铺装
申彤 摄

8. 迪拜朱美拉古城度假村水上皇宫酒店的石材与瓷砖地面铺装
申彤 摄

1.迪拜朱美拉古城度假村水上皇宫酒店门厅的拼花地面
蒋传勇 摄

2.迪拜朱美拉古城度假村水上皇宫酒店室外陶瓷马赛克与水洗豆沙粒地面
蒋传勇 摄

3.迪拜朱美拉古城度假村水上皇宫酒店马蹄石与广场砖组铺的广场地面
蒋传勇 摄

4.迪拜帆船七星级酒店太阳与海浪图案装饰的地面
蒋传勇 摄

5.迪拜帆船七星级酒店仿古浮雕砖的地面铺装
蒋传勇 摄

6.迪拜朱美拉古城度假村水上皇宫酒店外道路的不规则方石铺装
蒋传勇 摄

Les Exclusives

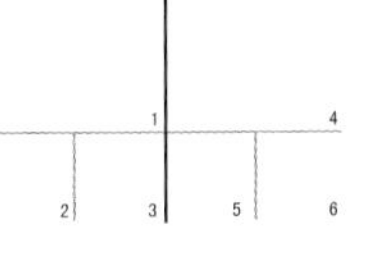

1. 迪拜帆船七星级酒店走廊铺设橙蓝色彩对比的图案地毯
张津墚 摄
2. 迪拜帆船七星级酒店二楼大堂走廊的涡涟图案地面
张津墚 摄
3. 迪拜帆船七星级酒店超大图案图形地毯
张津墚 摄
4. 迪拜帆船七星级酒店二楼休息厅地毯图案与分区相结合
蒋传勇 摄
5. 迪拜帆船七星级酒店特别的美术石材地面
张津墚 摄
6. 迪拜帆船七星级酒店二楼休息厅走廊地面
申彤 摄

1. 迪拜凯悦酒店大厅地面铺装与桌面菱形图案搭配
张津墚 摄
2. 迪拜凯悦酒店咖啡厅曲线状图案的地毯
张津墚 摄
3. 迪拜凯悦酒店二楼廊厅地面的图案划分休息区
张津墚 摄
4. 迪拜凯悦酒店大厅采用小图案来增加体量感
张津墚 摄
5. 迪拜凯悦酒店走廊地面的小碎花地毯
张津墚 摄
6. 迪拜凯悦酒店梯面采用冰裂文化石铺装
张津墚 摄

天 棚

天棚的的设计在酒店中占有重要的位置，这是唯一不受陈设干扰的一面，也是让设计师可以驰骋想象力发挥的地方，以让入住客人可以如仰望星空一样而注目的天幕。尽管如此，他也是要受到地面、空间造型的某些限定。比如，朱美拉帆船七星酒店顶部受中庭限制而采用了三角形。这也是空间设计图形协调要考虑的重要因素。

在迪拜酒店中，如果有条件，设计师就一定要考虑把它做成圆穹，这或许和伊斯兰穹顶清真寺有关，以彰显地域的文化特征。在顶棚装饰伊斯兰喜欢的各种植物及数学几何等图形，也是他们擅长的部分。

当然，迪拜酒店天棚的设计也有采用母题式设计。如帆船七星酒店顶棚，有的场所一定与海帆有关。而亚特兰蒂斯酒店，由于表现沉入海中的失落城市，所以，在有的地方一定和海中动物与植物有关。当然，这也是酒店的个性化设计所需要的。

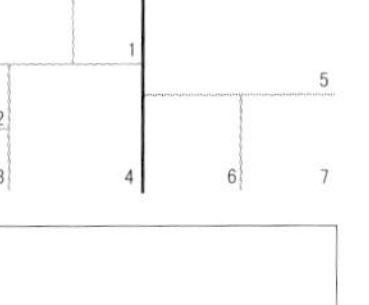

1. 迪拜朱美拉古城度假村扎比尔宫殿酒店餐厅的土耳其文化色彩装饰的顶棚 孙磊 摄
2. 迪拜帆船七星级酒店商店的圆锥状发光顶棚 张津墚 摄
3. 迪拜帆船七星级酒店餐厅海水涌动的多彩顶棚 张津墚 摄
4. 迪拜帆船七星级酒店小中庭上空的伊斯兰圆形图案 张津墚 摄
5. 迪拜帆船七星级酒店小中庭上空的圆形吊顶 蒋传勇 摄
6. 迪拜帆船七星级酒店二层走廊节点处的圆形顶棚 张津墚 摄
7. 迪拜帆船七星级酒店中庭上空的三角形顶棚 蒋传勇 摄

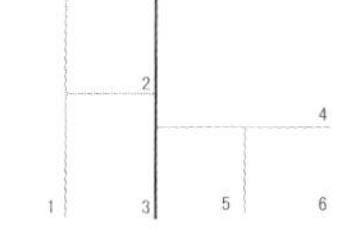

1. 迪拜帆船七星级酒店一楼大堂的发光长贝壳状顶棚
申彤 摄
2. 迪拜亚特兰蒂斯酒店圆形穹顶及海洋生物状的吊灯
申彤 摄
3. 迪拜亚特兰蒂斯酒店圆形穹顶中绘画了很多彩色水泡
申彤 摄
4. 迪拜亚特兰蒂斯酒店图形穹顶中布满了海中贝壳红珊瑚等生物
申彤 摄
5. 迪拜亚特兰蒂斯酒店的八边形穹顶
申彤 摄
6. 迪拜亚特兰蒂斯酒店的格子玻璃吊顶
申彤 摄

1. 迪拜亚特兰蒂斯酒店布满圆形灯具的大厅顶部
申彤 摄

2. 迪拜亚特兰蒂斯酒店螺壳装饰的圆形放射状顶棚
申彤 摄

3. 迪拜亚特兰蒂斯酒店藻井式发光顶棚
申彤 摄

4. 迪拜亚特兰蒂斯酒店餐厅曲面板布置的顶棚
申彤 摄

5. 迪拜亚特兰蒂斯酒店使用海洋生物形象绘画的艺术棚面
申彤 摄

6. 迪拜亚特兰蒂斯酒店以圆形图案为母题装饰的两色发光棚顶
申彤 摄

1. 迪拜凯悦酒店休息大厅的方形吊顶
张津梁 摄
2. 迪拜凯悦酒店走廊上下顶棚的协调设计
张津梁 摄
3. 迪拜凯悦酒店一楼走廊的格子顶棚
张津梁 摄
4. 迪拜凯悦酒店注重色彩协调的中庭顶棚，其八角形顶与圆形顶灯巧妙结合
张津梁 摄
5. 迪拜凯悦酒店扇形框内加入软装布艺成分的顶棚设计
张津梁 摄
6. 迪拜凯悦酒店变换方形及吊灯嵌入的顶棚装修设计
张津梁 摄

水景设施

酒店中的水景设施犹如耀眼的明珠，总能勾动入住客人的眼神。

在迪拜酒店中，一般都会考虑水景的设计，这不仅和摩尔人在西班牙留下的建筑、园林遗产有关，还和沙漠气候有关。水景的设置不仅缓解了气候的干燥炎热，而且创造出城中绿洲与温湿的小气候。

水景的的设置一般与雕塑、灯具、植物、养鱼结合在一起，以取得软与硬、动与静、体与影、实与虚的结合。

水族缸的设计也是迪拜酒店的一大亮点，这是因为他们都以夸张的超大尺度出现，给人以强烈的震撼力。亚特兰蒂斯酒店，将“失落的城市遗址”营造于海底，水族缸在地下一层打开视幕，以观到建筑构件的“遗存”，还有各种珍稀的鱼类。帆船七星酒店在一、二层连接的扶梯的侧墙，安置了超长带状水族缸，使人们在乘扶梯的时间段内，可顺便览视到水中游弋的鱼群。

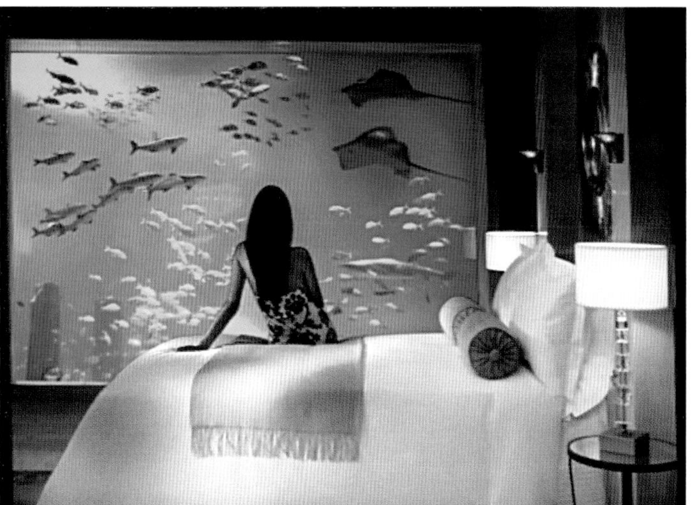

1.迪拜帆船七星级酒店扶梯侧墙设置的水族缸
申彤 摄

2.迪拜亚特兰蒂斯酒店贝壳与珍珠的水景设计
蒋传勇 摄

3.迪拜亚特兰蒂斯酒店水族缸中的废墟城市
孙磊 摄

4.迪拜朱美拉古城度假村水上皇宫酒店大堂的层级水景设施
蒋传勇 摄

5.迪拜亚特兰蒂斯酒店中的挂画
申彤 摄

6.迪拜亚特兰蒂斯酒店地下一层大厅的大型水族缸
蒋传勇 摄

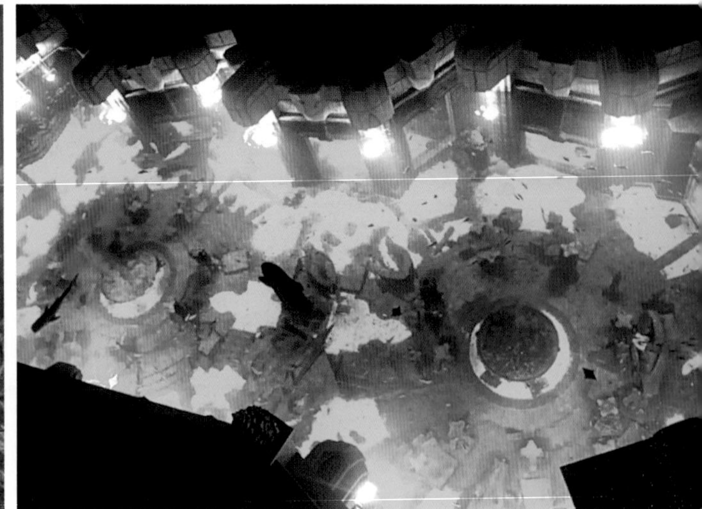

1\. 迪拜凯悦酒店室外泳池与水景瀑布设施结合设计
张津墚 摄

2\. 迪拜亚特兰蒂斯酒店水族缸中畅游的各种鱼类
孙磊 摄

3\. 迪拜亚特兰蒂斯酒店室外的养鱼池设施
张津墚 摄

4\. 迪拜亚特兰蒂斯酒店水下灯具照射的宽敞鱼池的优美夜景
蒋传勇 摄

5\. 迪拜帆船七星级酒店广场设置的喷水池

6\. 通过迪拜帆船七星级酒店入口的水景设施可望见海滩酒店，这两个酒店同属于朱美拉酒店集团
申彤 摄

1. 迪拜朱美拉古城度假村扎比尔宫殿酒店的群马雕塑水池
孙磊 摄
2. 迪拜帆船七星级酒店计算机控制的喷水池
张津墚 摄
3. 迪拜朱美拉古城度假村扎比尔宫殿酒店贝壳状叠水的水池
孙磊 摄
4. 迪拜朱美拉古城度假村扎比尔宫殿酒店门厅广场两侧设置的喷泉水景
孙磊 摄
5. 迪拜朱美拉古城度假村水上皇宫酒店餐厅中的水池
蒋传勇 摄
6. 迪拜亚特兰蒂斯酒店喷水与叠水结合的水池设施
申彤 摄

1. 阿联酋迪拜朱美拉海滩酒店由水池相绕，彩塑骆驼点缀其中的水景设施
蒋传勇 摄
2. 阿联酋迪拜朱美拉海滩酒店与水景配合的各式彩绘陶瓷骆驼
蒋传勇 摄
3. 阿联酋迪拜朱美拉海滩酒店的圆形喷水设施
蒋传勇 摄
4. 阿联酋迪拜朱美拉古城度假村水上皇宫酒店将海水引入城中
5. 阿联酋迪拜亚特兰蒂斯酒店入口处的水池与汀步
6. 阿联酋迪拜朱美拉古城度假村水上皇宫酒店运河码头的木船

挂 画

在酒店中选择挂画陈设是装饰的重要手段之一。在画面中可以透视民族文化的风情，带给外地来者异域特点的视觉享受。其画风与民俗手法也具有很高的艺术研究价值。

在迪拜的酒店中，很难见到有人物题材的画品出现，这与伊斯兰宗教有关。但是，在朱美拉帆船七星酒店、凯悦酒店还是出现了几幅，也是难能可贵。在亚特兰蒂斯酒店，还出现了长卷式的分段人物题材绘画，表现迪拜的历史与传说，更属罕见的艺术力作。

酒店的挂画，一般会出现在酒店入口、走廊、候梯厅、休息厅、会客厅等地方。以增加延续空间的情趣和停留空间的驻足品味。

迪拜画品内容涉及老城风景、海上帆船、海中生物贝壳、花草植物、静物以及现代的抽象画等。迪拜的布艺画也具有很强的民俗艺术特点与很高的艺术性。

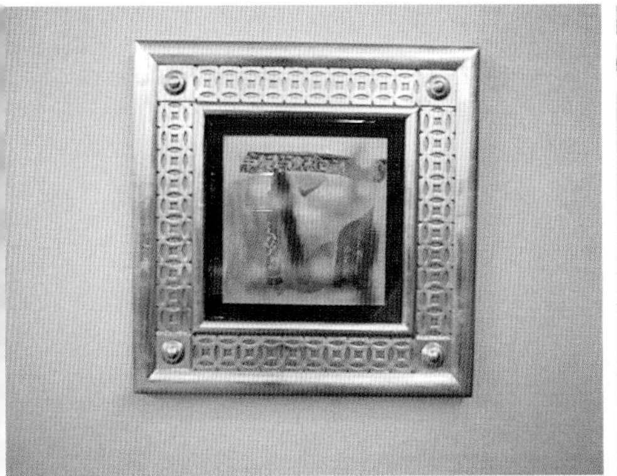

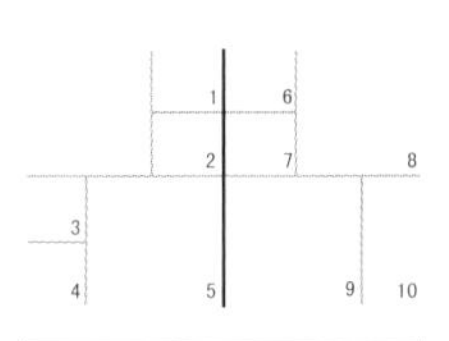

1. 迪拜帆船七星级酒店入口处罕见出现的人物像
2. 迪拜亚特兰蒂斯酒店大堂接待处的墙面布艺挂画
3. 迪拜帆船七星级酒店客房内的帆船挂画
4. 迪拜帆船七星级酒店走廊处的现代挂画
5. 迪拜亚特兰蒂斯酒店酒店大堂上部的民间传说绘画
6. 迪拜帆船七星级酒店客房内钱币的绘画与精致的金色画框
7. 迪拜马可波罗酒店墙上的布艺画
8. 迪拜帆船七星级酒店候梯厅处的巨幅画品

张津梁 摄

9. 迪拜朱美拉海滩酒店的走廊静物挂画与艺术陈设品
10. 迪拜马可波罗酒店墙面花卉内容的挂画

柱式

柱式是酒店设计中不能被简约的结构装饰构件。柱式从埃及、希腊、罗马等地发展而来，一直影响到今天的各个国度。尤其是西班牙、葡萄牙的摩尔人柱式对伊斯兰的阿拉伯世界影响最多。

伊斯兰柱式一般采用短柱身，大柱头、大柱础，以及分段柱头的柱式。饱满的柱头充满了植物线性或镂空装饰，以及彩绘等。在迪拜的酒店中，也汲取了西方欧洲的一些古典柱式，以及文艺复兴的螺旋柱式等。

除此之外，迪拜酒店还设计了一些特型柱子。如帆船七星酒店的两头收缩的圆形巨柱。柱身涂金，柱头与柱础采用不锈钢金属镀钛等装饰。亚特兰蒂斯酒店大堂则采取抽象的棕榈柱子，柱础采用抽象的鱼形，一身白色分割了灯光穹顶光亭与走廊及其接壤的接待区与休息区等。这也或许和亚特兰蒂斯酒店处于棕榈岛的棕榈叶端有关。

1. 迪拜朱美拉古城度假村水上皇宫酒店木结构的柱头端木四面 45° 挑起
蒋传勇 摄
2. 迪拜朱美拉古城度假村水上皇宫酒店入口门廊的简洁柱式与梁板穹顶相结合
蒋传勇 摄
3. 迪拜亚特兰蒂斯酒店酒吧间的描金双柱
4. 迪拜朱美拉古城度假村水上皇宫酒店室外棚廊采用短柱大柱础，柱头斜格镂空的方式设计
蒋传勇 摄
5. 迪拜亚特兰蒂斯酒店门厅的柱式
6. 迪拜朱美拉古城度假村的扎比尔宫殿酒店涂金螺旋形柱式
孙磊 摄
7. 迪拜朱美拉古城度假村水上皇宫酒店简洁的圆形柱身与柱头
蒋传勇 摄
8. 朱美拉古城度假村的扎比尔宫殿酒店多棱形柱体和草叶状的柱头
孙磊 摄

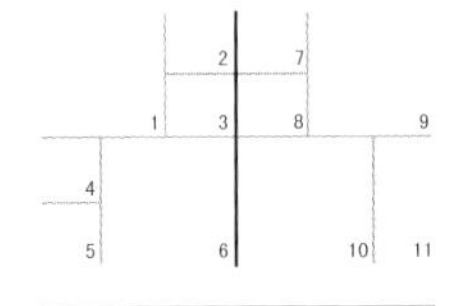

1.迪拜朱美拉古城度假村水上皇宫酒店购物中心走廊民族柱式与墙壁装饰的欧式柱式
2.迪拜帆船七星级酒店柱础发射的变换灯光色彩的光斑改变了柱身的轮廓
3.迪拜亚特兰蒂斯酒店餐厅的简洁柱式
4.迪拜帆船七星级酒店的描金柱式
5.迪拜帆船七星级酒店的柱础
申彤 摄
6.迪拜亚特兰蒂斯酒店大堂中棕榈柱式与鱼形柱础
7.迪拜朱美拉海滩酒店的束柱
8.迪拜朱美拉海滩酒店木束柱与不锈钢板柱础
9.迪拜帆船七星级酒店通往桌球室的彩绘柱式
张津墚 摄
10.迪拜朱美拉古城度假村水上皇宫酒店入口桥上的望柱及灯饰
11.迪拜帆船七星级酒店涂金特型巨柱
张津墚 摄

灯 具

灯具在酒店中，不仅是夜晚，就是在白天，也同样是不可多得的艺术瑰品。它以水晶一般的品质，即使在白天，也会折射出太阳的多彩光辉。

酒店的灯具一般都是要经过特别的认真设计，而不是满足于一般的商品采购。如迪拜的凯悦酒店的船型间接照明大型吸顶灯具；朱美拉阿联酋城堡度假村水上皇宫酒店郑和餐厅的中式大红宫室灯笼；朱美拉扎比尔宫殿酒店的土耳其样式的豪华灯具；朱美拉帆船七星酒店的帆形灯具等，都会给酒店的风格加以诠释，让人体会到贴切感与归属感。

即使是使用通常灯具，如帆船七星酒店巨柱底部的地灯，也是为了配合计算机灯控不同色光，而隐匿灯具，让人们看到改变巨柱视觉的光斑。

迪拜帆船七星酒店坡地喷泉分段灯具发出彩虹般光色被水柱与流水折射，以及凯悦酒店彩色玻璃条片投射出不同的色光，都是值得一提的灯色设计力作。

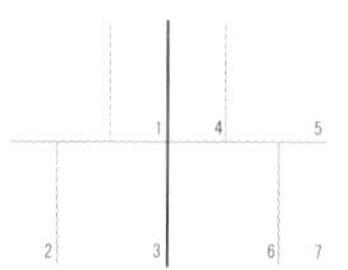

1. 迪拜帆船七星级酒店客房内门厅的多枝烛光吊灯
2. 迪拜朱美拉古城度假村水上皇宫酒店中庭的巨型水晶吊灯
蒋传勇 摄
3. 迪拜朱美拉古城度假村扎比尔宫殿酒店壮丽的土耳其风格红色水晶吊灯
孙磊 摄
4 迪拜帆船七星级酒店柱础上设置的间隔不同色彩的射灯
申彤 摄
5. 迪拜凯悦酒店中庭顶部的多元灯式搭配的灯具
张津墚 摄
6. 迪拜朱美拉古城度假村水上皇宫酒店的藻井式八角形灯具
蒋传勇 摄
7. 迪拜帆船七星级酒店各楼层的扶手柱的圆锥形灯具
申彤 摄

灯具

1. 迪拜亚特兰蒂斯酒店贝壳玻璃吊灯与壁灯
蒋传勇 摄
2. 迪拜亚特兰蒂斯酒店喇叭花瓶壁灯
蒋传勇 摄
3. 迪拜亚特兰蒂斯酒店 SPA门厅的如海洋生物般的球体吊灯
蒋传勇 摄
4. 迪拜帆船七星级酒店彩虹般的梯形叠水炫彩灯光
申彤 摄
5. 迪拜朱美拉古城度假村扎比尔宫殿酒店铁艺烛光式吊灯和地面的花灯亮度柔和一致
孙磊 摄
6. 迪拜帆船七星级酒店客房内的牛角形壁灯
申彤 摄

灯具

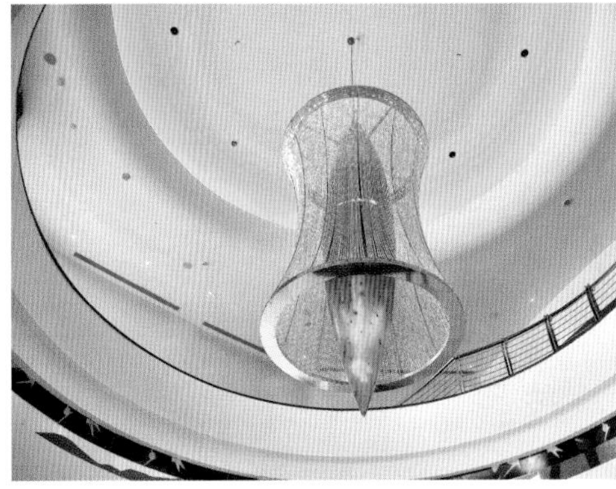

1. 迪拜帆船七星级酒店的波罗状灯
申通 摄

2. 迪拜朱美拉古城度假村水上皇宫酒店的休息厅灯光照明
蒋传勇 摄

3. 帆船七星级酒店走廊火炬式壁灯
张津墚 摄

4. 帆船七星级酒店红色盘式吊灯

5. 帆船七星级酒店的钢丝多支吊灯
张津墚 摄

6. 亚特兰蒂斯酒店走廊顶棚的照明
申通 摄

7. 迪拜凯悦酒店的多彩壁灯
张津梁 摄

8. 帆船七星级酒店餐厅顶棚的照明
蒋传勇 摄

9. 迪拜帆船七星级酒店咖啡厅的茶几台灯
张津墚 摄

10. 迪拜亚特兰蒂斯酒店酒吧的吊灯与壁灯
申彤 摄

11. 朱美拉海滩酒店单只大型吊灯
蒋传勇 摄

12. 迪拜朱美拉海滩酒店走廊顶棚如海龟状的灯具

装修细部

在酒店设计中，细部也是决定成败的关键所在。

细部设计体现在酒店的各个方面，如建筑、结构、装饰、灯饰等。具体涉及门、窗、扇构件，门券、门洞、门套、龛洞，栏杆、扶手、围栏，柱头、柱身、柱础，顶棚、地面、墙面等等。

装饰的细部涉及风格样式，具体体现在地域与民俗文化的图案、图纹，以及符号化的处理。这些在迪拜各个酒店中都有不俗的体现。

随着时代技术的发展，装修细部也体现在建筑结构的细部处理，如建筑的特氟龙布艺的拉伸，喷砂挡光玻璃叶片，其相应结构件的栓、拉、连接五金的设计制作等。

在室内装饰的细部上也体现出吊顶、墙等部位的电路板式彩色光点显示装饰等，虽然不能解决足够的照度，但也不乏是一种现代科技与装修结合的具体表现。

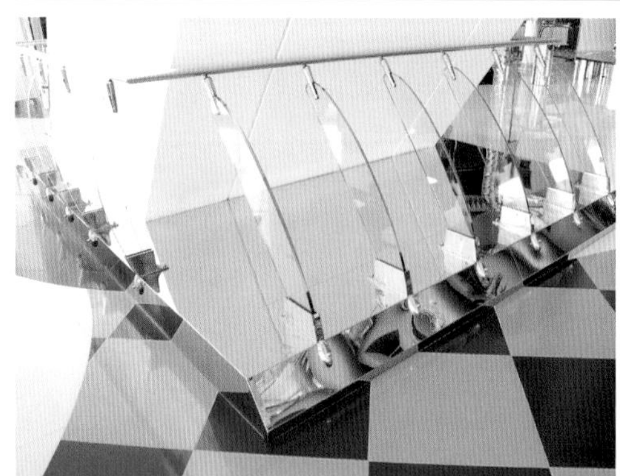

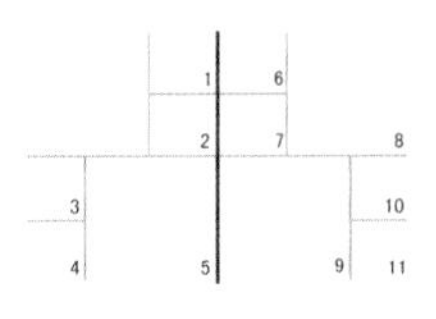

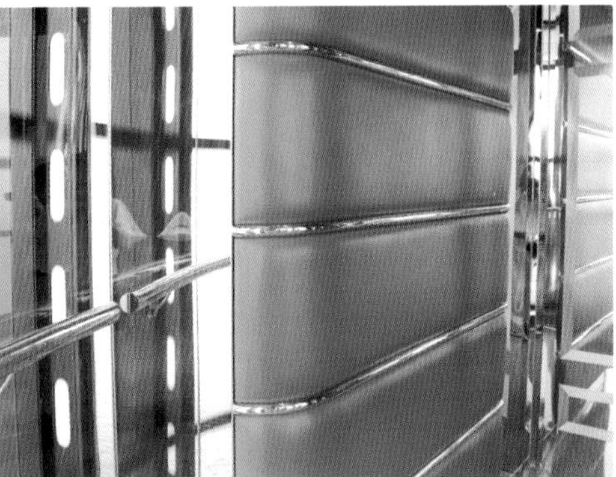

1. 帆船七星级酒店门券为叶状钢片
张津墚 摄
2. 帆船七星级酒店门套与叶券装饰
张津墚 摄
3. 迪拜帆船七星级酒店围档使用的玻璃叶片
张津墚 摄
4. 迪拜帆船七星级酒店窗户下部固定的喷砂玻璃
张津墚 摄
5. 迪拜帆船七星级酒店顶棚的彩灯
张津墚 摄
6. 帆船七星级酒店地面马赛克镶嵌的海浪涡旋纹饰
申彤 摄
7. 帆船七星级酒店电路板墙面装饰
张津墚 摄
8. 迪拜帆船七星级酒店圆柱础上间隔设置的彩光灯
9. 迪拜哈利法塔阿玛尼酒店遮阳百叶设施
李玉萍 摄
10. 迪拜帆船七星级酒店有机玻璃板的固结
张津墚 摄
11. 迪拜帆船七星级酒店软包墙面与不锈钢管
张津墚 摄

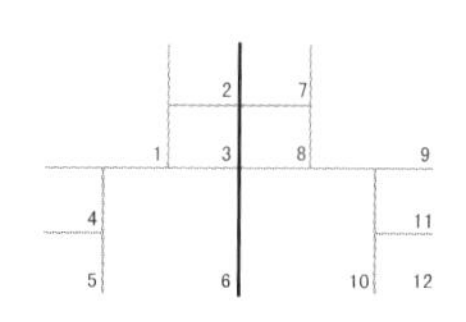

1.帆船七星级酒店券与柱线脚细部 张津墚 摄

2.帆船七星级酒店石材拼接的地面 张津墚 摄

3.帆船七星级酒店梁托的装饰物件 张津墚 摄

4.帆船七星级酒店玻璃栏板与扶手 张津墚 摄

5.帆船七星级酒店墙角瓷砖装饰 张津墚 摄

6.帆船七星级酒店墙壁砖与墙灯 张津墚 摄

7.帆船七星级酒店客房内栏花扶手 张津墚 摄

8.帆船七星级酒店镀钛金属栏杆 张津墚 摄

9.帆船七星级酒店石材、木、金属材料制作的围栏 张津墚 摄

10.迪拜帆船七星级酒店金属玻璃围栏的装修 张津墚 摄

11.迪拜帆船七星级酒店玻璃门上的金属装饰 张津墚 摄

12.帆船七星酒店柱头与梁下图案 申彤 摄

1.迪拜朱美拉古城度假村水上皇宫酒店门券上部的民族图案装饰
申彤 摄

2.迪拜朱美拉古城度假村水上皇宫酒店简洁的凹龛券与地面陶瓷坛罐
申彤 摄

3.迪拜亚特兰蒂斯酒店彩色玻璃管缠曲的雕塑
申彤 摄

4.迪拜朱美拉海滩酒店固拉帆布的金属构造
申彤 摄

5.迪拜朱美拉古城度假村水上皇宫酒店门套叶券的连续图案
申彤 摄

6.迪拜朱美拉古城度假村水上皇宫酒店消防设施与室内设计风格的统一处理
申彤 摄

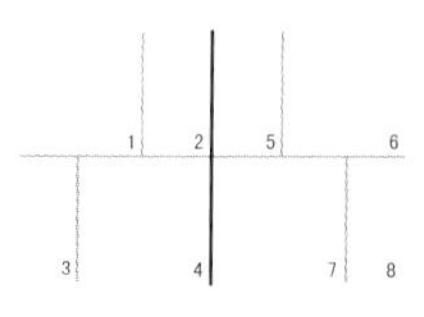

1. 迪拜朱美拉古城度假村水上皇宫酒店穹顶部位的伊斯兰图形
申彤 摄
2. 迪拜朱美拉古城度假村水上皇宫酒店柱上壁灯与柱下陶坛
申彤 摄
3. 迪拜朱美拉古城度假村水上皇宫酒店走廊的券龛与灯具
申彤 摄
4. 迪拜朱美拉古城度假村水上皇宫酒店门洞上部接壤的托梁
申彤 摄
5. 迪拜帆船七星级酒店客房内吧台分段的装修细部
申彤 摄
6. 迪拜朱美拉古城度假村水上皇宫酒店休息座椅与喷水池结合设计
申彤 摄
7. 迪拜朱美拉古城度假村水上皇宫酒店藻井的细部装饰
申彤 摄
8. 迪拜朱美拉古城度假村水上皇宫酒店柱头与梁托相结合
申彤 摄

1. 迪拜帆船七星级酒店桌腿的细部设计
申彤 摄
2. 迪拜帆船七星级酒店桌子的花纹设计
申彤 摄
3. 迪拜亚特兰蒂斯酒店柱子贝壳装饰的细部设计
蒋传勇 摄
4. 迪拜朱美拉海滩酒店内庭围栏等细部的装饰
蒋传勇 摄
5. 迪拜帆船七星级酒店茶几腿的图案设计 申彤 摄
6. 迪拜亚特兰蒂斯酒店门套的细部设计
申彤 摄

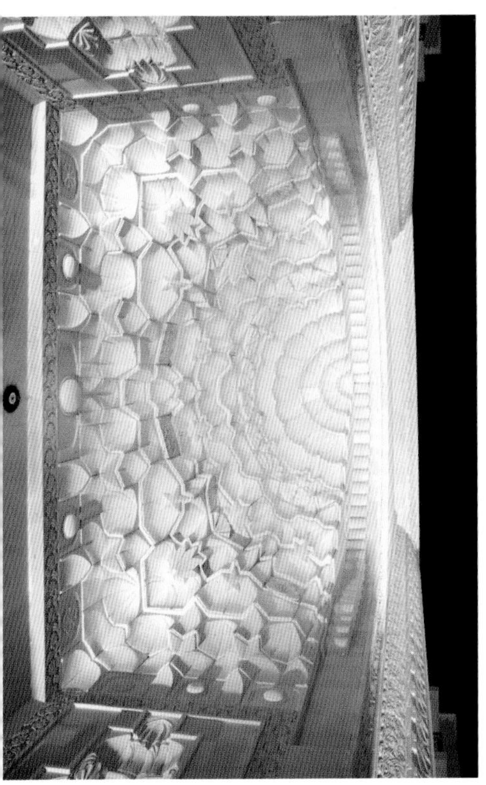

1. 迪拜亚特兰蒂斯酒店大堂顶部的装修外观
申彤 摄
2. 迪拜亚特兰蒂斯酒店设备维修口的装饰花格
蒋传勇 摄
3. 迪拜朱美拉古城度假村扎比尔宫殿酒店墙龛的装饰
孙磊 摄
4. 迪拜朱美拉古城度假村扎比尔宫殿酒店门券与角柱的装饰细部
孙磊 摄
5. 迪拜朱美拉古城度假村扎比尔宫殿酒店土耳其装饰风格的门券顶部
孙磊 摄
6. 迪拜亚特兰蒂斯酒店休息区大堂的珍珠贝壳水景
蒋传勇 摄
7. 迪拜亚特兰蒂斯酒店门券上部的装饰细部
8. 迪拜亚特兰蒂斯酒店入口金属门上装饰的海洋生物与十二星座图案

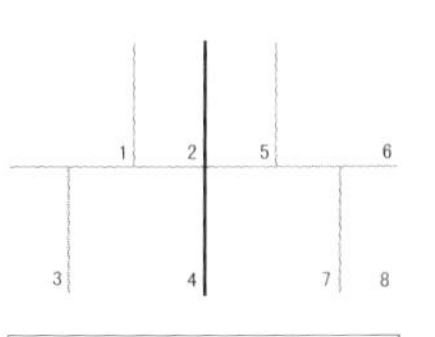

1. 迪拜亚特兰蒂斯酒店大堂顶棚边缘的装饰
2. 迪拜亚特兰蒂斯酒店贝壳树脂灯
3. 迪拜亚特兰蒂斯酒店的座椅陈设 申彤 摄
4. 迪拜亚特兰蒂斯酒店贝壳装饰的门梁
5. 迪拜亚特兰蒂斯酒店的贝壳灯
6. 迪拜亚特兰蒂斯酒店的吊拉式灯饰顶棚 申彤 摄
7. 迪拜亚特兰蒂斯酒店的叶券门格设计 申彤 摄
8. 迪拜亚特兰蒂斯酒店门龛的伊斯兰图案装饰装修

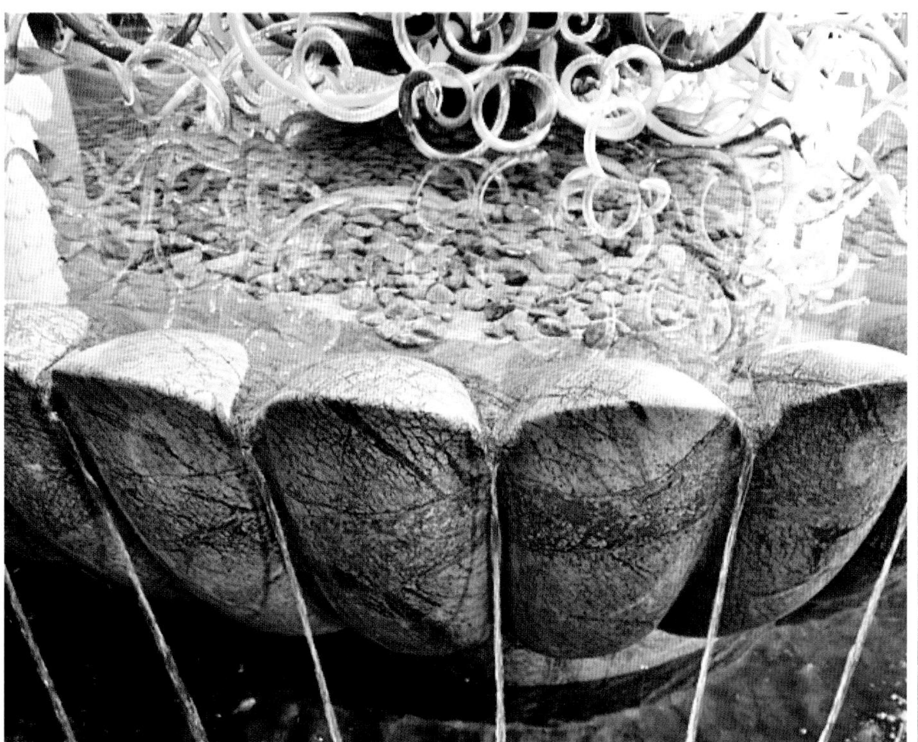

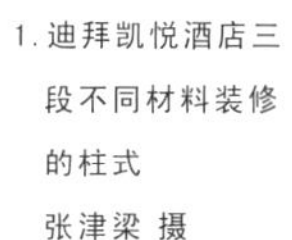

1. 迪拜凯悦酒店三段不同材料装修的柱式
张津梁 摄
2. 迪拜亚特兰蒂斯酒店位于室外门厅处的壁灯
3. 迪拜亚特兰蒂斯酒店贝壳的流水设施
4. 迪拜亚特兰蒂斯酒店大堂水景玻璃管雕塑
5. 迪拜亚特兰蒂斯酒店墙面上的螺壳艺术品装饰
6. 迪拜亚特兰蒂斯酒店落地灯饰的设计
7. 迪拜亚特兰蒂斯酒店大堂莲花水池细部
蒋传勇 摄
8. 迪拜亚特兰蒂斯酒店台灯与塔式海洋贝类艺术陈设品

标 识

酒店的标识是对于入住酒店客人的重要指引。在酒店中，这些标识体现在酒店的名称、酒店各空间位置的平面说明图，楼层平面的消防疏散通道以及出口的指示图，商店、餐饮店、酒吧、咖啡厅、剧场、按摩店、泳池等商业设施的标识，交通指向标识等等。总之，要想让住店客人顺利地走到酒店的每一个角落，缺了这个导视系统的指引，是不可能的。

在迪拜酒店标识的设计中，每个酒店都注意了民族文化的展示，如花格、图案、图形等，即使一个交通标识的载体柱子，也是精雕细刻，并在柱头也采取了伊斯兰式的，以充分展示酒店的尊贵品质。

在国际星级接待的酒店中，除了本国特有的文字说明外，也要有国际通用的文字配合。比如，在迪拜酒店的标识设置里，也都采用了英语文字的表达。

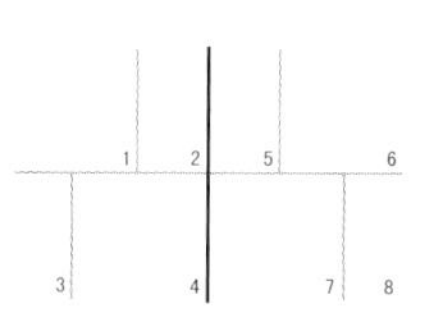

1. 阿联酋迪拜帆船七星级酒店入口处墙面蓝麻石材上镶刻的酒店名称标识
2. 阿联酋迪拜马可波罗酒店孟买餐厅标识
3. 阿联酋迪拜朱美拉海滩酒店的墙上入口处标识
4. 阿联酋迪拜朱美拉古城度假村水上皇宫酒店购物中心入口处的交通标识与精美柱式
5. 阿联酋迪拜朱美拉古城度假村水上皇宫酒店餐厅的标识
6. 阿联酋迪拜朱美拉古城度假村水上皇宫酒店购物中心的商店标识
7. 阿联酋迪拜朱美拉古城度假村水上皇宫酒店玛蒂娜剧场标识

蒋传勇 摄

停车场

停车场是酒店重要设施，因为入住客人一般都是乘车而去的。

酒店的停车场一般有露天的，也有地下层位的。酒店的停车场一般都会靠近酒店的入口，但也有稍远离酒店的，特别是大型客车的停车场。

临时停车位的设计也很重要，所以酒店一般都会设置门亭，以供酒店的客人上车与下车，以防下雨等意外的天气。还有一个重要的原因，就是客人一般都会携带较重的箱子，长距离的拉拽，也是多有不便。

对于临时停车位的延伸，考虑双向路宽或枢纽也是重要的，尤其是接入一个小的凹入式停车场地，也是可行的不错方案。

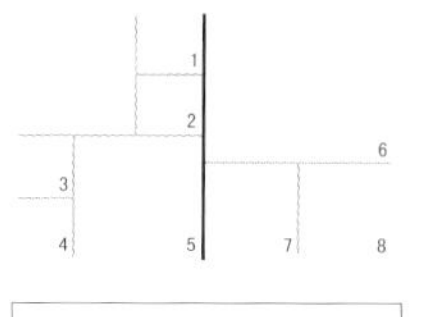

1. 迪拜朱美拉古城度假村水上皇宫酒店购物中心入口的临时停车位结合枢纽交通设施
2. 迪拜朱美拉古城度假村水上皇宫酒店入口附近的停车场
3. 迪拜亚特兰蒂斯酒店入口处的临时停车场地
蒋传勇 摄
4. 迪拜亚特兰蒂斯酒店等候接待客人的出租车
蒋传勇 摄
5. 迪拜亚特兰蒂斯酒店门庭外的临时停车位
李玉萍 摄
6. 迪拜朱美拉古城度假村水上皇宫酒店门庭处的临时停车
7. 迪拜亚特兰蒂斯酒店的停车场停满了高档的轿车
8. 迪拜亚特兰蒂斯酒店的停车场

花 坛

花坛在酒店的设计中占有重要位置，它可以使酒店一年四季之中，都处于春天般温馨的自然环境里。

酒店花坛有室内部分，也有室外部分。室内花坛除了盆栽之外，花盆设计，也是重要的因素。除了陶瓷器物之外，也有高脚金属镀金质地的，如帆船酒店，这也从一个侧面，在展示出七星级的尊荣所在。

为了解决室内空间室外化，也有不少酒店将大堂做成四季中庭的，如凯悦酒店，意在渲染更加博大的自然丛林气场。

室外花坛一般在幕墙处都有设置，以加强室内外的通达之感。

不论是室内还是室外，结合开敞楼梯设计阶梯花坛，也是明智之举。当然花坛也不是都种花，也有配置草科植物，更有栽植树木的。

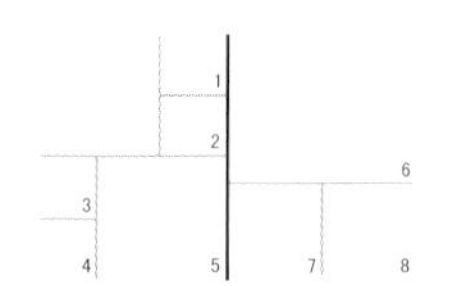

1. 迪拜朱美拉海滩酒店绿地广场盆栽与不同花盆的装饰
蒋传勇 摄
2. 迪拜帆船七星级酒店镜前摆放的盆栽
蒋传勇 摄
3. 迪拜朱美拉海滩酒店室外花坛边缘由置石插入，中心配有彩塑骆驼
蒋传勇 摄
4. 迪拜朱美拉海滩酒店花坛中设凹龛花坛
蒋传勇 摄
5. 迪拜朱美拉海滩酒店结合室外台阶设置的阶梯花坛
6. 迪拜朱美拉海滩酒店入口处的花坛与置石
7. 迪拜朱美拉海滩酒店的室外花坛
申彤 摄
8. 迪拜帆船七星级酒店电梯候梯间设置的镀钛金属花盆
蒋传勇 摄

toy store

1. 迪拜朱美拉古城度假村水上皇宫酒店入口交通枢纽设置成花坛
蒋传勇 摄

2. 迪拜亚特兰蒂斯酒店由园路分割的草坪花坛
蒋传勇 摄

3. 迪拜亚特兰蒂斯酒店的绿地花坛结合大树植栽
蒋传勇 摄

4. 迪拜朱美拉古城度假村水上皇宫酒店树池花坛及绿篱
蒋传勇 摄

5. 迪拜凯悦酒店用花坛分割的咖啡厅 张津梁 摄

6. 迪拜凯悦酒店结合室内台阶设置的花坛
张津梁 摄

绿 化

酒店的绿化，一般体现在室外的场地，会结合建筑、水系、泳池、道路、商业设施等统筹设计考虑。

绿化结合水系，这样不仅可以使土壤含水得到很好的维系，水的流动与树木的投影，也会增加景观的美致。

绿化种植一般要考虑点、线、面的结合，高、低、矮的结合，聚与散的结合；孤植与群植的结合。以造成生动、自然与感人的意味。

绿化植物的选择要注意地域特点，如迪拜酒店的绿化，大量选择了棕榈、椰树等抗风、耐热等树种，这也同时渲染了南国的别致与不解的风情。

绿化也要注意与花坛结合，图案要有民族特点。这一点，在迪拜酒店的设计里，也都有不俗的表现。

1. 迪拜朱美拉海滩酒店在水系两边的树木植栽
申彤 摄
2. 迪拜朱美拉海滩酒店的热带椰树与灌木
申彤 摄
3. 迪拜亚特兰蒂斯酒店生长茂盛的植物
蒋传勇 摄
4. 迪拜亚特兰蒂斯酒店广场绿化孤植与群植相结合
蒋传勇 摄
5. 迪拜亚特兰蒂斯酒店不同高度的树种结合设计
蒋传勇 摄
6. 迪拜亚特兰蒂斯酒店四方旋转45°的伊斯兰图形
蒋传勇 摄
7. 迪拜亚特兰蒂斯酒店孤植的棕榈树
蒋传勇 摄

1. 阿联酋迪拜亚特兰蒂斯酒店路两侧的椰树
2. 阿联酋迪拜帆船七星级酒店入口处的绿化
张津墚 摄
3. 阿联酋迪拜帆船七星级酒店的草地绿篱与乔木
张津墚 摄
4. 阿联酋迪拜朱美拉古城度假村玛蒂娜酒店岸边种植的椰树
5. 阿联酋迪拜凯悦酒店泳池边缘休息区的绿化
张津墚 摄
6. 阿联酋迪拜凯悦酒店场地绿化与水系相结合
张津墚 摄

雕塑小品

酒店中的雕塑小品，是必要的艺术品陈设。

迪拜酒店的这些艺术品题材，来自沙漠中骆驼，海中的乌龟、海马、海鱼、海螺、扇贝等生物。也有陆地腾飞的战马，还有配合民族餐饮而采用的日本蹲踞的竹筒、石盆，伊斯兰的草编工艺品，以及极具民族特点的坛、罐、壶等。当然也有现代抽象的小品雕塑。马可波罗酒店在中庭设置了通风塔建筑形式的构件，以展示地域建筑的特色。

雕塑小品的材料有藤条、竹木、枯木枝、金属、陶瓷等。具体的定位都会和所表达的对象有关。

雕塑小品设置的位置，一般会选在广场、中庭、大堂、走廊、入口、花坛等处。以散发画龙点睛之笔的迷人魅力。

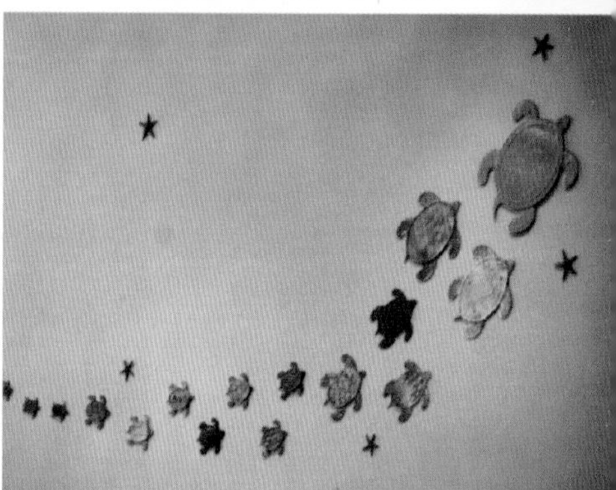

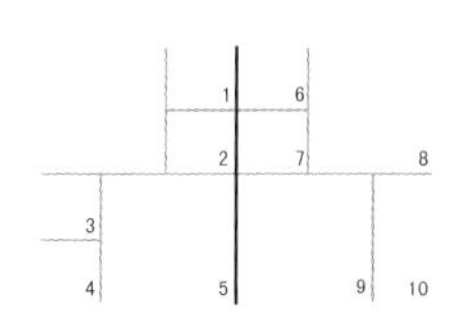

1. 迪拜马可波罗酒店蹲踞小品
2. 迪拜亚特兰蒂斯酒店墙上的乌龟浮雕
3. 迪拜朱美拉海滩酒店的飞马雕塑 蒋传勇 摄
4. 迪拜亚特兰蒂斯酒店接待处墙上的同心圆雕塑
5. 迪拜帆船七星级酒店中庭设置的根花艺术品 张津墚摄
6. 迪拜马可波罗酒店客厅陈设的藤编坛罐艺术小品
7. 迪拜亚特兰蒂斯酒店铜门雕塑细部
8. 迪拜朱美拉古城度假村水上皇宫酒店门厅处的白马雕塑 李玉萍 摄
9. 迪拜亚特兰蒂斯酒店走廊墙上的金属雕塑
10. 迪拜朱美拉海滩酒店的本色陶瓷骆驼雕塑

室外棚廊

不是所有酒店都会考虑设置室外棚廊，但作为灰空间，室外棚廊它会软化室内外的硬性分割，而获取渐变的空间状态。

结合酒店玻璃幕墙设计的棚廊，是酒店室内空间的延伸，是向酒店室外空间的过渡。

室外棚廊一般会设计为走廊、遮阳篷，也更多会设计为酒吧或餐饮区。当然，也有离开建筑，而在广场上独立设计的或连片式的棚式阳亭。也有为园路而设计的亭廊等。

室外亭廊有采用木结构，也有钢筋混凝土结构，更有钢结构结合帆布的悬索结构。后一种结构，更容易带给人们现代建筑的感受，更有像朱美拉海滩小帆船酒店与朱美拉七星大帆船酒店，这种扯起的大大小小的白帆，更是对于两个以船帆为造型概念的建筑，更进一步的渲染与强化。

1. 迪拜朱美拉海滩酒店木结构棚廊结合特氟龙帆布设计充满了古朴感
蒋传勇 摄

2. 迪拜朱美拉海滩酒店白色帆柱扯满了一片片白帆构筑起围蓬
蒋传勇 摄

3. 迪拜朱美拉海滩酒店石柱上托起木桁架棚廊
蒋传勇 摄

4. 迪拜朱美拉海滩酒店室外棚廊结合淋浴喷洒玻璃隔间
蒋传勇 摄

5. 迪拜朱美拉古城度假村水上皇宫酒店的室外走廊
李玉萍 摄

6. 迪拜朱美拉海滩酒店木结构斜撑棚廊下的餐饮区
张津墚 摄

7. 迪拜朱美拉海滩酒店广场的白帆连片成蓬
申彤 摄

8. 迪拜朱美拉海滩酒店依附外墙面而设的布帆棚廊
申彤 摄

1. 迪拜朱美拉古城度假村水上皇宫酒店设置的通风塔与木结构草棚
2. 迪拜朱美拉古城度假村水上皇宫酒店依附在建筑上的木结构外廊
3. 迪拜朱美拉古城度假村水上皇宫酒店入口亭廊
4. 迪拜朱美拉海滩酒店餐饮区上的帆布棚廊
5. 迪拜朱美拉海滩酒店室外棚廊区的木地板地面
6. 迪拜朱美拉海滩酒店室外棚廊区下可眺望到帆船七星级酒店

室外泳池

除了室内泳池外，一般酒店还都会设计室外泳区。因为，在室外游泳，享受阳光，对客人更具诱惑力。

考虑儿童游泳与戏水要求，泳区还会考虑冲浪泳道、滑梯、冲水河道等趣味设施。

作为室外泳池，还要配套设计溢水收集边沟、水力按摩池、遮阳伞棚、休息躺椅、淡水冲洗、缓入台阶、爬梯扶手等必要的设施。

泳池本身的设计，还要考虑自然的置石、曲直连接的池岸、池底彩叶拼图等，因为，这些都会增加自然的小情趣。

在迪拜的室外泳区，有的也考虑了与海滩的结合。也有在泳池中设计树池，喷水、注水等活水雕塑小品设施等，这些都构成了迪拜酒店室外泳池的特点。

在迪拜室外泳池用具的设计中，也有可关注的亮点，比如，躺椅上附设遮阳罩等等。

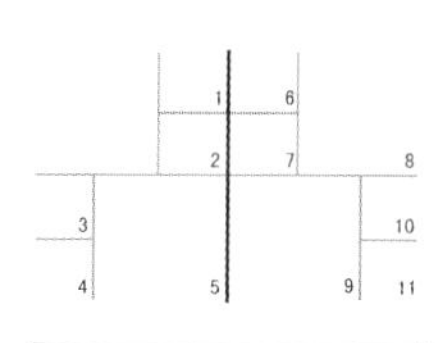

1. 迪拜帆船七星级酒店结合置石设计的室外泳池 张津墚 摄
2. 帆船七星级酒店的遮阳伞与与泳池上的室外棚厦 张津墚 摄
3. 迪拜凯悦酒店游泳池区的休息椅 张津梁 摄
4. 迪拜朱美拉海滩酒店室外泳区 蒋传勇 摄
5. 迪拜亚特兰蒂斯酒店的室外泳池 申彤 摄
6. 帆船七星级酒店的室外泳池与海水浴场相结合 张津墚 摄
7. 帆船七星级酒店的儿童室外泳池 张津墚 摄
8. 帆船七星级酒店成人室外泳池 张津墚 摄
9. 凯悦酒店的室外游泳池区的设计 张津梁 摄
10. 迪拜朱美拉海滩酒店室外泳池广场与餐饮等附属设施 蒋传勇 摄
11. 迪拜凯悦酒店游泳池区的游乐设施设计 张津梁 摄

室外泳池

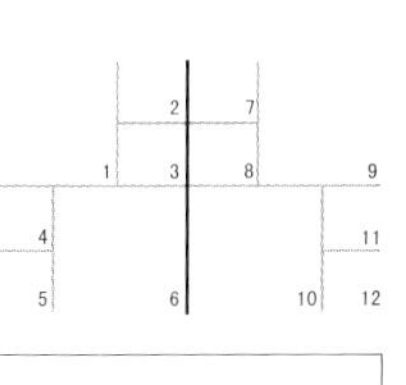

1. 迪拜亚特兰蒂斯酒店的室外泳池 李玉萍 摄
2. 迪拜朱美拉海滩酒店的泳池区 蒋传勇 摄
3. 迪拜朱美拉海滩酒店的躺椅区 蒋传勇 摄
4. 迪拜朱美拉海滩酒店的室外泳池 蒋传勇 摄
5. 迪拜朱美拉海滩酒店的淋浴冲洗间 蒋传勇 摄
6. 迪拜朱美拉海滩酒店室外泳池的池岸 蒋传勇 摄
7. 迪拜朱美拉海滩酒店泳的园路 蒋传勇 摄
8. 迪拜朱美拉海滩酒店泳池中设计的树池 蒋传勇 摄
9. 迪拜朱美拉海滩酒店室外水力冲浪按摩池 申彤 摄
10. 迪拜亚特兰蒂斯酒店室外泳池的溢水碗小品 申彤 摄
11. 迪拜亚特兰蒂斯酒店的泳池躺椅 申彤 摄
12. 迪拜亚特兰蒂斯酒店室外泳池注水与喷水设施

室外泳池

1. 亚特兰蒂斯酒店泳池的溢水收集 蒋传勇 摄
2. 迪拜亚特兰蒂斯酒店室外泳池挨着海滩 蒋传勇 摄
3. 迪拜凯悦酒店室外泳池及配套设施 张津梁 摄
4. 迪拜凯悦酒店泳池底部的彩叶图案 张津梁 摄
5. 朱美拉海滩酒店外的水力按摩池 蒋传勇 摄
6. 迪拜凯悦酒店的淡水冲洗设施 张津梁 摄
7. 迪拜朱美拉海滩酒店泳区的配套绿化 蒋传勇 摄
8. 迪拜朱美拉海滩酒店泳池结合游乐水系 蒋传勇 摄
9. 迪拜朱美拉海滩酒店的游乐渠辅助建筑设施 蒋传勇 摄
10. 迪拜朱美拉海滩酒店的泳池边 蒋传勇 摄
11. 朱美拉海滩酒店池边的躺椅 蒋传勇 摄
12. 迪拜凯悦酒店室外泳池及配套设施 张津梁 摄

设施

酒店的设施，不仅室内有，室外也有。

酒店的室外设施包括街具，楼梯、台阶，栏杆、扶手、围栏、围墙，路灯、草坪灯、墙地灯、庭院灯，雨水篦子、树池、置石，缘石、路障，废物桶、烟灰缸，河床、岸堤、码头，电话亭、直饮水具、淡水冲洗，地下街口、隧道、桥梁等等。涉及室外街具、景观设施等方面。

酒店的设施，不仅要好看，更重要的是也要好用。这种适用、经济、美观的用品，是酒店不可或缺的设置。

迪拜酒店路障与盆栽的复合，大与小雨水篦子的叠加，室外街具沙发化，围墙与置石结合，台阶石整与碎并置，烟灰缸与废物桶一体化等设计，各具光彩，不一而足。充满了自然、淳朴、奢华与精致，值得去细细加以品味。

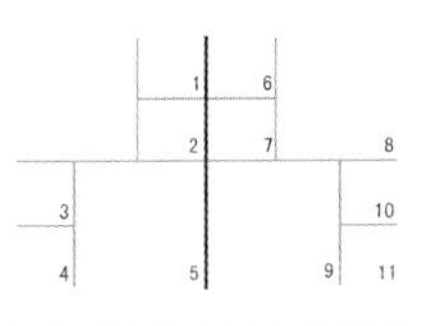

1.朱美拉海滩酒店路障与盆栽结合 蒋传勇 摄

2.朱美拉海滩酒店木扶手金属栏杆 蒋传勇 摄

3.迪拜凯悦酒店园路台阶与地灯 张津梁 摄

4.迪拜朱美拉海滩酒店的地下街口 蒋传勇 摄

5.迪拜朱美拉海滩酒店室外广场街具 蒋传勇 摄

6.迪拜朱美拉海滩酒店的园路台阶 蒋传勇 摄

7.迪拜朱美拉海滩酒店花坛墙灯为台阶照明 蒋传勇 摄

8.迪拜朱美拉古城度假村水上皇宫酒店码头的路灯 蒋传勇 摄

9.迪拜朱美拉海滩酒店复合的雨水篦子 蒋传勇 摄

10.迪拜朱美拉海滩酒店矮围墙上灯具 蒋传勇 摄

11.迪拜朱美拉海滩酒店室外的木座椅 蒋传勇 摄

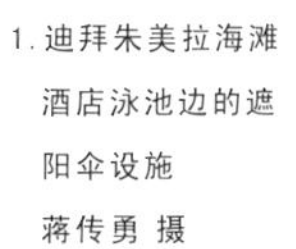

1. 迪拜朱美拉海滩酒店泳池边的遮阳伞设施 蒋传勇 摄
2. 迪拜朱美拉海滩酒店的草顶遮阳亭 蒋传勇 摄
3. 迪拜朱美拉海滩酒店地下街口的扶手与低墙灯 蒋传勇 摄
4. 迪拜凯悦酒店的木桥与围栏设施 张津梁 摄
5. 迪拜朱美拉海滩酒店的围墙叠石构造 蒋传勇 摄
6. 迪拜朱美拉海滩酒店的摆石围墙 蒋传勇 摄

1. 迪拜朱美拉海滩酒店园路台阶的摆石挡土墙
蒋传勇 摄
2. 迪拜朱美拉海滩酒店弧形的园路台阶
蒋传勇 摄
3. 迪拜朱美拉海滩酒店树池结合围墙
蒋传勇 摄
4. 迪拜朱美拉海滩酒店的水岸树池
蒋传勇 摄
5. 迪拜亚特兰蒂斯酒店的岸堤设计
蒋传勇 摄
6. 迪拜朱美拉古城度假村水上皇宫酒店的铁艺栏杆
蒋传勇 摄
7. 迪拜朱美拉海滩酒店的木质围墙
蒋传勇 摄
8. 迪拜亚特兰蒂斯酒店的唇式座椅
蒋传勇 摄
9. 迪拜朱美拉海滩酒店的圆亭
蒋传勇 摄
10. 迪拜朱美拉海滩酒店的园路
蒋传勇 摄
11. 迪拜亚特兰蒂斯酒店的废物筒与烟灰缸

1 4
2 3 5 6

1. 迪拜朱美拉海滩酒店的木质围栏
蒋传勇 摄
2. 迪拜朱美拉海滩酒店的标识牌设施
蒋传勇 摄
3. 迪拜亚特兰蒂斯酒店路边的石凳
蒋传勇 摄
4. 迪拜朱美拉海滩酒店的庭园灯具
蒋传勇 摄
5. 迪拜朱美拉海滩酒店的石材围墙与木质围栏
蒋传勇 摄
6. 迪拜帆船七星级酒店电梯间侯梯厅处设置的废物筒
张津梁 摄

Discover Atlantis

1. 迪拜通往亚特兰蒂斯酒店的高架单轨客车与海下隧道
蒋传勇 摄
2. 迪拜亚特兰蒂斯酒店的单轨列车
李玉萍 摄
3. 迪拜亚特兰蒂斯酒店的直饮水设施
蒋传勇 摄
4. 迪拜亚特兰蒂斯酒店大堂水池边的休息座椅
5. 迪拜亚特兰蒂斯酒店门亭处的行李车等设施
6. 迪拜亚特兰蒂斯酒店门亭处的木质街椅与废物箱

1. 迪拜凯悦酒店通往泳池的园路
张津梁 摄
2. 迪拜凯悦酒店曲折的园路处理
张津梁 摄
3. 迪拜亚特兰蒂斯酒店的欧式台阶围栏与灯具
蒋传勇 摄
4. 迪拜凯悦酒店河水的堤岸设计
张津梁 摄
5. 迪拜朱美拉古城度假村水上皇宫酒店的电话亭设施
6. 迪拜凯悦酒店的室内中庭花坛
张津梁 摄

1. 迪拜朱美拉古城度假村水上皇宫酒店室外楼梯扶手与木质窗围栏
2. 迪拜朱美拉古城度假村水上皇宫酒店台阶望柱上设置的灯具
3. 迪拜朱美拉古城度假村水上皇宫酒店室外街椅
4. 迪拜朱美拉古城度假村水上皇宫酒店河岸码头堤岸的铸铁拦柱与锁链围栏
5. 迪拜朱美拉古城度假村水上皇宫酒店的围墙结合树池
6. 迪拜朱美拉古城度假村水上皇宫酒店的方形树池

蒋传勇 摄

人 文

人文是酒店中最为光彩动人的一面，因为只要有人在，就是美的。

酒店的人文首先表现在服务人员的着装上，在迪拜酒店中，接待人员采用统一的服装样式，以便于客人辨认与咨询服务。有的酒店接待服装采取男女分开的统一。有些服务场合，如租车、餐饮、商店等，更侧重于民族的服饰，有的为伊斯兰服饰，也有的采用中国服饰。

入住酒店客人的服饰，也是一道亮丽的风景，不论是欧美、还是非洲与亚洲的，各个鲜明的图案与色彩搭配，无不为酒店带来美不胜收的视觉精彩。充分展现了国际星级酒店对于不同国籍、不同民族的纳客与服务能力。

为入住酒店客人演奏钢琴的裙装女子，透过悠然飘渺的音乐琴曲，更是让人们感到了雍容华贵的艺术品质。

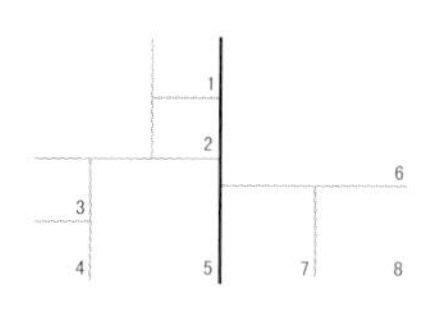

1. 迪拜帆船七星级酒店男女接待服务员的统一制服
2. 迪拜帆船七星级酒店二楼咖啡厅服务人员的旗袍服装
3. 迪拜亚特兰蒂斯酒店入住客人的阿拉伯男女头饰
4. 迪拜朱美拉海滩酒店的钢琴演奏者
5. 迪拜帆船七星级酒店餐厅前身着红黑两色的接待人员

李玉萍 摄

6. 迪拜朱美拉古城度假村水上皇宫酒店运河渡船上的服务人员与酒店客人

蒋传勇 摄

7. 迪拜帆船七星级酒店伊斯兰装束的男女

张津㮾 摄

8. 迪拜亚特兰蒂斯酒店入住的来自阿拉伯国家的一家人

夜 景

迪拜酒店的夜色也是不容错过的一道风景，这些灯光的透射、轮廓、泛光手法的运用，加上计算机的时间控制与光色的转换，使迪拜之城放送出迷人的异彩。

迪拜城市的标志性建筑朱美拉帆船七星酒店的单体建筑帆形身姿，入夜后不断变换着红、黄、蓝、白等透射出来的光彩，一次次与星月争辉。朱美拉古城度假村水上皇宫酒店，建筑泛光与临河的酒吧餐饮的如昼色光，使泛舟的运河波光粼粼。朱美拉麦地那市集把各色商品照得清新明亮，以留住客人的往返脚步。亚特兰蒂斯酒店的灯光，试图在找寻“失落城市”的踪影。即使客人走在路上，那明亮的路灯与园灯，也会指引客人走到迷人的殿堂，醉人的酒吧，繁华的夜市，可以谈情的剧场。这种诱惑让人难以入睡，宁愿去尽情挥洒，享受这令人陶醉的生命时光。

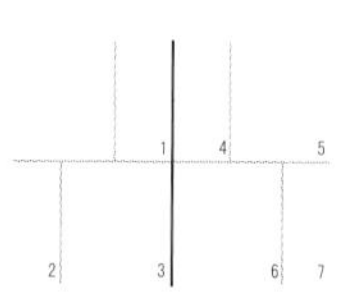

1. 迪拜朱美拉古城度假村水上皇宫酒店购物中心的商业街
申彤 摄

2. 迪拜朱美拉古城度假村扎比尔宫殿酒店的厅廊照明
孙磊 摄

3. 迪拜朱美拉古城度假村水上皇宫酒店的迷人之夜
申彤 摄

4. 迪拜朱美拉古城度假村水上皇宫酒店透光照明的通风塔
申彤 摄

5. 迪拜朱美拉古城度假村水上皇宫酒店建筑的泛光照明
申彤 摄

6. 迪拜帆船七星级酒店入口的泛光照明
申彤 摄

7. 迪拜帆船七星级酒店变换光色的帆影标志性建筑
申彤 摄

夜景

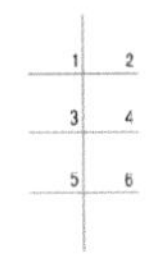

1. 迪拜亚特兰蒂斯酒店泛光照明
蒋传勇 摄
2. 迪拜朱美拉度假村水上皇宫酒店建筑的泛光轮廓照明
蒋传勇 摄
3. 迪拜亚特兰蒂斯酒店园路与台阶的灯光照明
蒋传勇 摄
4. 迪拜亚特兰蒂斯酒店室外泳池的夜间照明
蒋传勇 摄
5. 迪拜朱美拉度假村水上皇宫酒店的亭廊夜间泛光照明
孙磊 摄
6. 迪拜亚特兰蒂斯酒店酒吧围墙上的灯笼式照明灯具
蒋传勇 摄